INTERNATIONALE ELEKTROTECHNISCHE KOMMISSION

(angeschlossen an die Internationale Normen-Organisation — ISO)

EMPFEHLUNG DER I. E. K.

Publikation 41

Zweite Auflage

1963

Internationaler Code für Abnahmeversuche an Wasserturbinen in Kraftwerken

Übertragung der offiziellen Ausgabe in die deutsche Sprache

Mit 65 Abbildungen

Springer-Verlag Berlin Heidelberg GmbH

1965

ISBN 978-3-540-03336-3 ISBN 978-3-662-30472-3 (eBook)
DOI 10.1007/978-3-662-30472-3

INHALTSVERZEICHNIS

Seite

INTERNATIONALE ELEKTROTECHNISCHE KOMMISSION

INTERNATIONALER CODE FÜR ABNAHMEVERSUCHE AN WASSERTURBINEN IN KRAFTWERKEN

EINLEITUNG

1. Die formellen Beschlüsse oder Vereinbarungen der I.E.C. über technische Fragen, die durch die technischen Ausschüsse, in denen alle daran interessierten nationalen Komitees vertreten sind, vorbereitet wurden, drücken so weit als möglich die internationale Ansicht über die behandelten Gegenstände aus.

2. Diese Beschlüsse stellen internationale Empfehlungen dar und sind als solche durch die nationalen Komitees genehmigt.

3. Mit dem Ziel, diese internationale Vereinheitlichung zu fördern, spricht die I.E.C. den Wunsch aus, daß alle nationalen Komitees, die noch keine eigenen Regeln besitzen, bei der allfälligen Vorbereitung solcher Regeln hierzu die Empfehlungen der I.E.C. als Grundlage verwenden, soweit die nationalen Voraussetzungen oder Bedingungen es gestatten.

4. Es steht als wünschenswert fest, daß internationale Vereinbarungen über bestimmte Fragen vom Bemühen gefolgt seien, die nationalen Regeln über Normalisierungen mit diesen Empfehlungen, soweit es die nationalen Bedingungen gestatten, in Übereinstimmung zu bringen. Die nationalen Komitees verpflichten sich, ihren Einfluß in diesem Sinne geltend zu machen.

VORWORT

Die vorliegende Empfehlung ist vom Fachkollegium Nr. 4, Wasserturbinen, ausgearbeitet worden. Sie schließt sich an die früheren Publikationen der I. E.C. an, insbesondere an die Publikation 29 (1914), „Primärmotoren für elektrische Anlagen", und an die erste Auflage der Publikation 41 aus dem Jahre 1928. Diese Druckschrift der I.E.C. bezog sich auf Versuche an Wasserturbinen, und die vorliegende Arbeit ist als ihre zweite Auflage zu betrachten. Keine der beiden früheren Publikationen beschrieb jedoch die Meßmethoden oder die Bedingungen für die Abnahmeversuche.

Bei der Wiederaufnahme der Arbeiten des Fachkollegiums Nr. 4 im Jahre 1952 wurde das Präsidium und das Sekretariat dieses Fachkollegiums dem nationalen Komitee der Vereinigten Staaten von Nordamerika anvertraut. Das unmittelbare Ziel war die Vorbereitung eines internationalen Code über Abnahmeversuche an Wasserturbinen im Kraftwerk. Die allgemeinen Grundlagen für die Vorbereitung dieser Arbeiten wurden nach einer Periode der Untätigkeit von 27 Jahren an der Zusammenkunft in Philadelphia 1954 besprochen. Anläßlich der Versammlung in München 1956 wurde ein Beschluß über den Aufbau des Code und der verschiedenen Kapitel, die er enthalten sollte, gefaßt. Dabei wurden gleichzeitig mehrere Arbeitsgruppen für die Ausarbeitung der verschiedenen Kapitel gebildet. Nach der Zusammenkunft in Zürich 1957 wurde im April 1961 den nationalen Komitees ein Entwurf zur Zustimmung unter der 6-Monate-Regel unterbreitet.

Folgende Länder haben sich ausdrücklich in zustimmendem Sinne für eine Veröffentlichung ausgesprochen:

Australien	Norwegen
Dänemark	Österreich
Deutsche Bundesrepublik	Rumänien
Finnland	Schweiz
Frankreich	Tschechoslowakei
Großbritannien	Türkei
Italien	UdSSR
Japan	USA
Kanada	

Auf Grund der während der Abstimmungsperiode eingegangenen Bemerkungen wurden am Text Änderungen vorgenommen. Daraufhin haben Belgien und Schweden, die sich gegenüber dem unter der 6-Monate-Regel vorgelegten Entwurf ablehnend ausgesprochen hatten, bekanntgegeben, daß sie ihren ablehnenden Beschluß zurückzögen und der Publikation in der jetzigen Form zustimmten.

Wie für alle Codes wird es sicherlich bald wünschenswert sein, eine Revision vorzunehmen. Nach einigen Jahren Anwendung wird es wahrscheinlich zweckmäßig sein, eine überarbeitete Ausgabe des Code für Versuche an Wasserturbinen zu veröffentlichen, welche die bei der Anwendung dieses Code gesammelten Erfahrungen berücksichtigt.

BESONDERES VORWORT
FÜR DIE AUSGABE IN DEUTSCHER SPRACHE

Verfaßt vom gegenwärtigen Vorsitzenden des Fachkollegiums 4, Wasserturbinen, der I.E.C., Professor L. J. HOOPER, USA

The International Code for Field Acceptance Tests for Hydraulic Turbines worked out by the Technical Committee No. 4 "Hydraulic Turbines" and published as document No. 41, 1963 has been translated by three members of the International Electrotechnical Commission, TC/4, namely, Professor GERBER (Switzerland), Dr. DZIALLAS (Germany), and Dr. ZIEGLER (Austria) into the German language. This translation will greatly facilitate the use of this Code in all German speaking countries and give support to the primary aim of the International Electrotechnical Commission to establish a truly international code. Engineering profession is indebted to the group indicated above for this work and especially to Professor GERBER who was editor-in-chief for the final form of this Code in English, French and German.

Die vom Technischen Komitee Nr. 4 „Wasserturbinen“ ausgearbeiteten und als Dokument Nr. 41, 1963 veröffentlichten „Internationalen Abnahmeregeln für Wasserturbinen“ wurden von drei Mitgliedern der Internationalen Elektrotechnischen Kommission, TC/4, den Herren Prof. GERBER (Schweiz), Dr. DZIALLAS (Deutschland) und Dr. ZIEGLER (Österreich), in die deutsche Sprache übertragen. Diese Übersetzung wird die Anwendung der Regeln in allen deutschsprechenden Ländern erleichtern und eine der wichtigsten Zielsetzungen der I.E.C., international anerkannte, lebendige Abnahmeregeln zu schaffen, wesentlich fördern. Die Techniker sind den oben genannten Herren für diese Tat zu großem Dank verpflichtet, besonders Herrn Prof. GERBER, dem Chefredakteur der endgültigen Fassung in der englischen, in der französischen und in der deutschen Sprache.

INTERNATIONALER CODE
FÜR ABNAHMEVERSUCHE AN WASSERTURBINEN
IN KRAFTWERKEN

Teil 1 — Allgemeine Empfehlungen

ABSCHNITT I – ZWECK UND GELTUNGSBEREICH

Die vorliegenden Regeln für die Durchführung von Abnahmeversuchen an Wasserturbinen legen die verwendeten Begriffe und Größen fest, ferner die Methoden für die Prüfung und die Durchführung der Messungen der in Frage kommenden Größen, so daß die Leistung ermittelt werden kann und die Garantien überprüft werden können.

1. Turbinenarten

Im allgemeinen gelten die Regeln für alle Größen und alle Arten von Überdruck- und Freistrahlturbinen. Im besonderen gelten die Regeln für Turbinen, die direkt mit den Generatoren gekuppelt werden.

2. Abnahmeversuche

2.1 Die Regeln enthalten die für die Abnahmeversuche in der Anlage zu treffenden Maßnahmen, um nachzuweisen, daß die gegebenen Turbinengarantien erfüllt werden. Die Regeln legen die Durchführung der Versuche fest und schreiben die zu treffenden Maßnahmen vor, wenn die Versuchsergebnisse angefochten werden. Die Regeln legen die Auswertung der Meßergebnisse, sowie den Umfang, Inhalt und die Form des abschließenden Berichtes fest.

2.2 Modellversuche als Abnahmeversuche werden in anderen Regeln behandelt.

3. Nicht behandelte Gebiete

3.1 Die Regeln schließen alle rein kaufmännischen Angelegenheiten aus, es sei denn, daß diese im direkten Zusammenhang mit der Durchführung der Abnahmeversuche stehen.

3.2 Diese Regeln befassen sich nicht mit den Konstruktionseinzelheiten der Turbine, ebensowenig mit den mechanischen Eigenschaften der einzelnen Teile.

ABSCHNITT II – BEGRIFFE, BEGRIFFSERKLÄRUNGEN, ZEICHEN UND EINHEITEN

1. Maßsysteme

Durchgängig ist für die Regeln das metrische Maß-System verwendet worden, jedoch sind auch andere Maß-Systeme zulässig, falls diese vorgezogen werden.

Die Begriffe, Begriffserklärungen, Zeichen und Einheiten, die in diesen Regeln verwendet werden, sind nachstehend aufgeführt:

2. Liste der Begriffe

	Begriff	Begriffserklärung	Zeichen	Einheit
2.1	*Wasserstrom oder Durchfluß*	Wasservolumen, das durch einen gegebenen Querschnitt in der Sekunde fließt.	Q	m^3/s
2.1.1	Wasserstrom der Turbine	Das durch die Turbine in einer Sekunde strömende Wasservolumen einschließlich des aus den Stopfbüchsen und Entlastungsleitungen austretenden Wassers, jedoch ausschließlich des zum Betrieb des Generators und der Hilfsmaschinen sowie zur Kühlung der Lager benötigten Wassers.	Q	m^3/s
2.1.2	Garantierter Nennwasserstrom	Wasserstrom bei Garantiefallhöhe, garantierter Leistung und garantierter Drehzahl.	Q_r	m^3/s
2.1.3	Leerlaufwasserstrom	Wasserstrom bei Leerlauf der Turbine und normaler Drehzahl und Garantiefallhöhe.	Q_0	m^3/s
2.2	*Querschnitte* (s. Abb. 1–4)	Querschnitt senkrecht zur allgemeinen Fließrichtung.	A	m^2
2.2.1	Eintrittsquerschnitt der Turbine	a) Bei Anlagen mit offener Zuleitung: Fläche des gewählten Querschnitts in Fließrichtung hinter den Turbineneinlaufrechen. b) Bei Anlagen mit geschlossener Zuleitung: Fläche des gewählten Querschnitts durch den gewählten Meßpunkt in der Nähe des Turbinengehäuses in Fließrichtung hinter dem Einlaufabsperrorgan.	A_1	m^2
2.2.2	Austrittsquerschnitt der Turbine	Bei Überdruckturbinen muß der Austrittsquerschnitt am Ende des Saugrohres im gegenseitigen Einvernehmen festgelegt werden. Bei Freistrahlturbinen ist der Austrittsquerschnitt nicht definierbar und wird als unendlich groß angenommen.	A_2	m^2
2.3	*Mittlere Geschwindigkeit*	Quotient aus Wasserstrom und Querschnitt $v = Q/A.$	v	m/s
2.4	*Druck*	Druck an irgendeiner Stelle im System als Kraft pro Einheitsfläche ausgedrückt.	p	kp/cm^2

	Begriff	Begriffserklärung	Zeichen	Einheit
2.4.1	Manometerdruck	Ablesung des Druckes am Manometer an irgendeiner Stelle des Systems.	p_g	kp/cm²
2.4.2	Druck im Eintrittsquerschnitt der Turbine	Druck im Meßpunkt des Eintrittsquerschnitts mit entsprechender Korrektur zur Berücksichtigung der Höhenlage des Manometers.	p_1	kp/cm²
2.3.4	Druck im Austrittsquerschnitt der Turbine	Druck am Manometer im Austrittsquerschnitt mit entsprechender Korrektur zur Berücksichtigung der Höhenlage des Manometers.	p_2	kp/cm²
2.5	*Spezifisches Gewicht des Wassers**	Das Gewicht der Volumeneinheit des durch die Turbine fließenden Wassers.	γ	kp/dm³
2.6	*Fallhöhe*			
2.6.1	Druckhöhe	Energiehöhe entsprechend dem Druck an einer beliebigen Stelle des Systems.	h_p	m
2.6.2	Geschwindigkeitshöhe	Energiehöhe entsprechend dem Quotienten aus dem Quadrat der mittleren Wassergeschwindigkeit dividiert durch $2g$ $$h_v = \frac{v^2}{2g}.^{**}$$	h_v	m
2.6.3	Höhenlage	Höhenlage des Meßpunktes über dem mittleren Meeresspiegel oder über einer anderen Bezugsebene.	z	m
2.6.4	Gesamtenergiehöhe	Die Summe aus Höhenlage, Druckhöhe und Geschwindigkeitshöhe in einem bestimmten Querschnitt $$h_t = z + h_p + h_v.$$	h_t	m
2.6.5	Nettofallhöhe	Die Fallhöhe, die an der Turbine nutzbar ist. Diese Fallhöhe ist die Differenz zwischen den Gesamtenergiehöhen am Eintritt und am Austritt (Beispiele in Abb. 1—4).	H_n	m

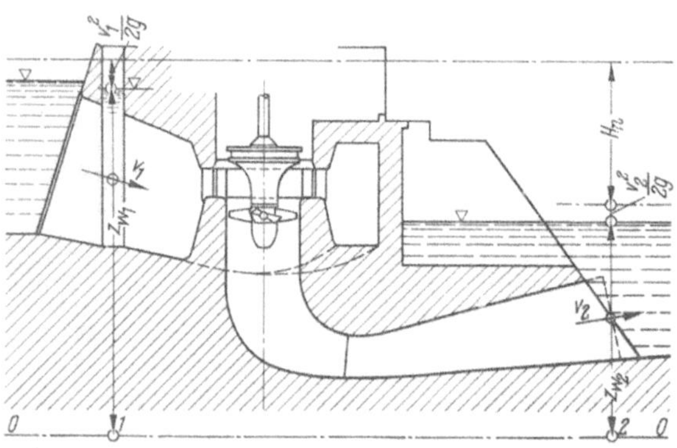

Abb. 1 — Überdruckturbine (Francis-, Propeller-, Kaplan-Turbine). Betonspirale mit rechteckigem Gehäusequerschnitt und Saugkrümmer.

$$H_n = (z_{w_1} - z_{w_2}) + \left(\frac{v_1^2 - v_2^2}{2g}\right).$$

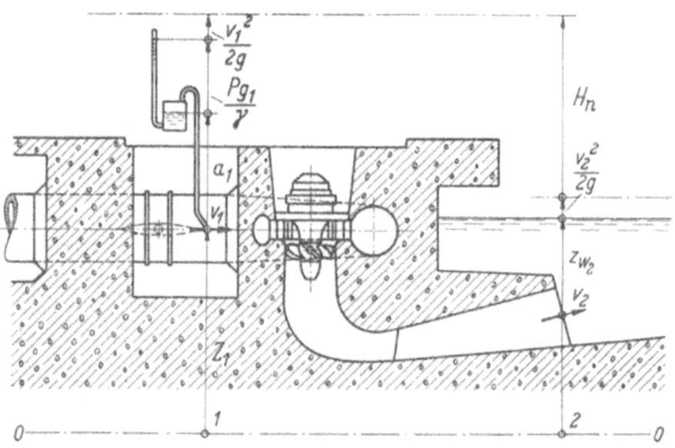

Abb. 2 — Überdruckturbine. Spiralgehäuse mit Kreisquerschnitten.

$$H_n = (z_1 + a_1 - z_{w_2}) + 10 \cdot \frac{p_{g_1}}{\gamma} + \left(\frac{v_1^2 - v_2^2}{2g}\right).$$

* Tabellenwerte von „γ" s. Tabelle I, S. 16.
** Tabellenwerte für „g" s. Tabelle II, S. 17.

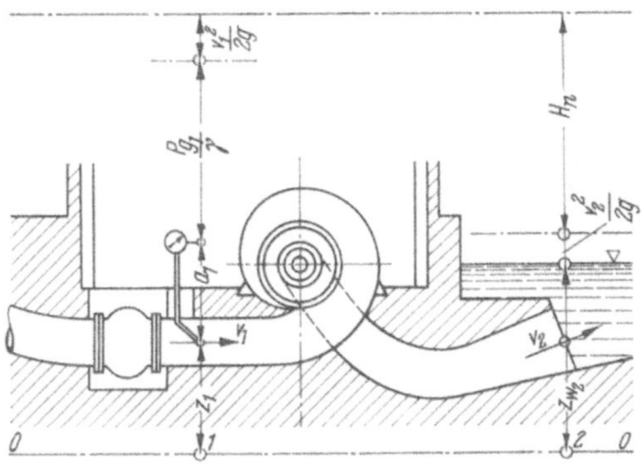

Abb. 3 — Überdruckturbine mit horizontaler Welle.

$$H_n = (z_1 + a_1 - z_{w_2}) + 10 \cdot \frac{p_{g_1}}{\gamma} + \left(\frac{v_1^2 - v_2^2}{2g}\right).$$

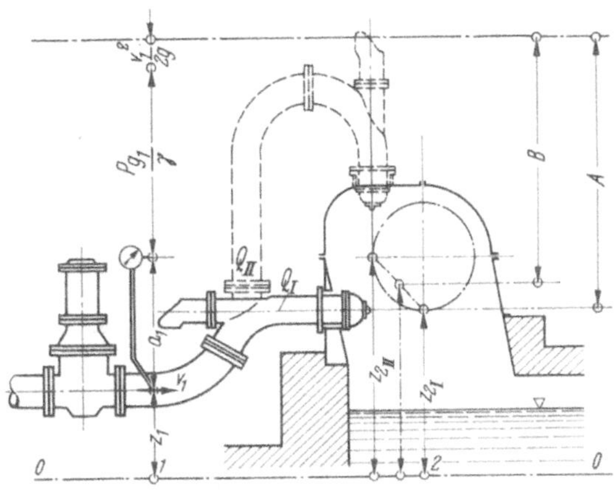

Abb. 4 — Freistrahlturbine.

A: Eindüsig

$$H_n = (z_1 + a_1 - z_{2_I}) + 10 \cdot \frac{p_{g_1}}{\gamma} + \frac{v_1^2}{2g}.$$

B: Zweidüsig

$$H_n = \frac{Q_I}{Q_I + Q_{II}} (z_1 + a_1 - z_{2_I}) + \frac{Q_{II}}{Q_I + Q_{II}} (z_1 + a_1 - z_{2_{II}}) + 10 \cdot \frac{p_{g_1}}{\gamma} + \frac{v_1^2}{2g}.$$

Begriff		Begriffserklärung	Zeichen	Einheit
2.6.6	Garantiefallhöhe	Die Nettofallhöhe, für die die Turbine bestellt ist und für die Garantien der Leistung und der Wirkungsgrade abgegeben sind.	H_r	m
2.6.7	Bruttofallhöhe	Die Unterschiede in der Höhenlage zwischen den Wasserspiegeln an den flußaufwärtigen und flußabwärtigen Begrenzungen der Anlage bei dem Wasserstrom Null.	H_g	m
2.6.8	Verlusthöhe	Verlust der Energiehöhe zwischen 2 Querschnitten.	H_l	m
2.6.9	Höhenlage des Meßinstruments	Differenz der Höhenlage zwischen der geeichten Nullage des Meßinstruments und der Lage des Meßpunktes.	a	m
2.6.10	Höhe der Barometeranzeige	Höhenanzeige des Wasserbarometers (bei 4 °C) entsprechend dem atmosphärischen Druck minus Dampfdruck.	h_b	m
2.6.11	Statische Saughöhe	Höhenlage des Laufrades über dem Unterwasserspiegel (s. Abb. 5).	h_s	m
2.6.12	Höhe des Wasserspiegels	Höhenlage der Wasseroberfläche über dem mittleren Meeresspiegel oder über einer anderen Bezugsebene.	z_w	m

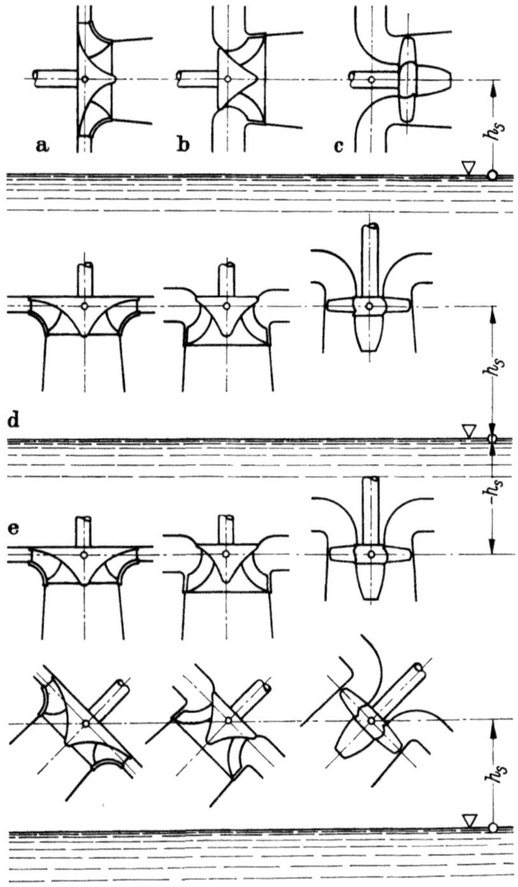

Abb. 5 — Definition der geodätischen Saughöhe h_s.

a) Francisturbine mit niedriger spez. Drehzahl; b) Francisturbine mit hoher spez. Drehzahl; c) Kaplan oder Propellerturbine; d) positive Saughöhe; e) negative Saughöhe (Gegendruck).
▽ Unterwasserspiegel.

	Begriff	Begriffserklärung	Zeichen	Einheit
2.7	*Aufgenommene und abgegebene Leistung*			
2.7.1	Von der Turbine aufgenommene Leistung	Die hydraulische Leistung des Wasserstromes der Turbine Q bei Nettofallhöhe H_n $$P_d = k \cdot \gamma \cdot Q \cdot H_n$$ $$\left(k = \frac{1000}{102}\right).$$	P_d	kW

	Begriff	Begriffserklärung	Zeichen	Einheit
2.7.2	Turbinenleistung	Die mechanische Leistung, die an der Turbinenwelle zur Verfügung steht. Diese Leistung wird ermittelt als Summe von: a) Klemmenleistung des Generators. b) Mechanische und elektrische Verluste des Generators unter Berücksichtigung von c) c) Bei gemeinsamen Drucklagern: nur anteilige Lagerverluste durch den Generator. d) Verluste durch Getriebe und Schwungräder. e) Leistungsaufnahme der unmittelbar angetriebenen Hilfsmaschinen. f) Wenn anstelle von a) und b) eine Bremse verwendet wird, so wird die Turbinenleistung mit Hilfe der Bremse ermittelt.	P_t	kW
2.7.3	Garantierte Leistung	Leistung der Turbine bei Garantiefallhöhe H_r und Garantiedrehzahl n_r, für die die Turbine bestellt wird.	P_r	kW
2.8	*Wirkungsgrad*			
2.8.1	Turbinenwirkungsgrad	Verhältnis der Turbinenleistung zur Leistung, die von der Turbine aufgenommen wird.	η_t	%
2.8.2	Mittlerer gewichteter Wirkungsgrad	Der mittlere gewichtete Wirkungsgrad wird berechnet aus den Einzelwerten: $\eta_1, \eta_2, \eta_3 \cdots$ bei den garantierten Leistungen oder bei den garantierten Wasserströmen und aus ihren Gewichten $w_1, w_2, w_3 \cdots,$ die für diese Leistungen oder Wasserströme vereinbart wurden, mit Hilfe der Formel: $\eta_{tw} = \frac{w_1 \cdot \eta_1 + w_2 \cdot \eta_2 + w_3 \cdot \eta_3 + \cdots}{w_1 + w_2 + w_3 + \cdots}.$	η_{tw}	%
2.8.3	Mittlerer arithmetischer Wirkungsgrad	Mittlerer Wirkungsgrad gemäß 2.8.2 mit $w_1 = w_2 = w_3 = 1.$	η_{ta}	%
2.8.4	Mittlerer planimetrischer Wirkungsgrad	Mittlere Höhe der Wirkungsgradkurve innerhalb des garantierten Bereiches.	η_{tpl}	%
2.9	*Drehzahl*	Drehzahl der Turbine.	n	U/min
2.9.1	Garantiedrehzahl	Drehzahl, für welche die Garantien abgegeben sind und für die die Turbine bestellt ist.	n_r	U/min
2.9.2	Leerlaufdrehzahl	Drehzahl der geregelten Turbine bei erregtem, aber unbelastetem Generator nach Abschaltung vom Netz.	n_0	U/min
2.9.3	Durchgangsdrehzahl	Höchste Drehzahl, die erreicht wird, wenn die Turbine vollständig entlastet wird und wenn die Wasserzufuhr nicht begrenzt wird, bei einer solchen Leitschaufelöffnung (und bei Kaplanturbinen bei einer solchen Stellung der Laufradschaufeln,) die die höchste Drehzahl ergibt.	n_R	U/min

	Begriff	Begriffserklärung	Zeichen	Einheit
2.10	*Drehzahländerungen*			
2.10.1	Ausgangsdrehzahl	Beharrungsdrehzahl vor Beginn einer bestimmten Entlastung.	n_1	U/min
2.10.2	Bleibende relative Drehzahlabweichung (Dauerstatik)	Drehzahländerung zwischen unbelastetem Zustand und einer bestimmten Belastung, ausgedrückt in Prozent der Nenndrehzahl	x_n	%
		$x_n = 100 \cdot \frac{(n_0 - n_1)}{n_r}$.		%
2.10.3	Maximale Überdrehzahl	Die größte vorübergehend auftretende Drehzahl, die erreicht wird, wenn eine bestimmte Entlastung plötzlich vorgenommen wird (s. Abb. 6).	n_{max}	U/min
2.10.4	Größte vorübergehende Drehzahländerung	Größter vorübergehender Drehzahlanstieg, ausgedrückt in Prozent der Ausgangsdrehzahl, bei plötzlicher Entlastung um einen bestimmten Wert	$(y_n)_{max}$	%
		$(y_n)_{max} = 100 \cdot \frac{n_{max} - n_1}{n_1}$.		%

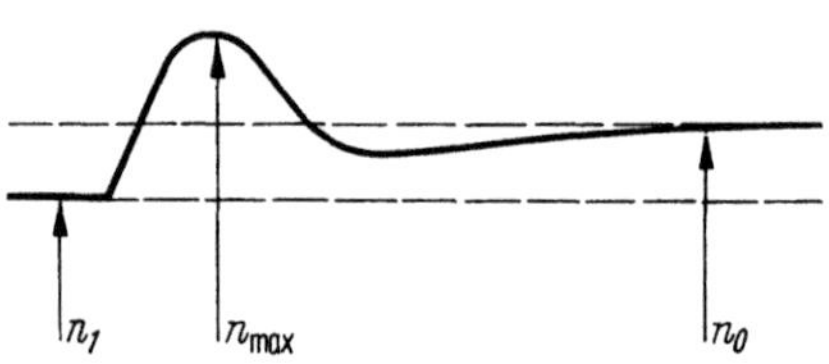

Abb. 6 — Drehzahlanstieg nach einem plötzlichen Lastabwurf.

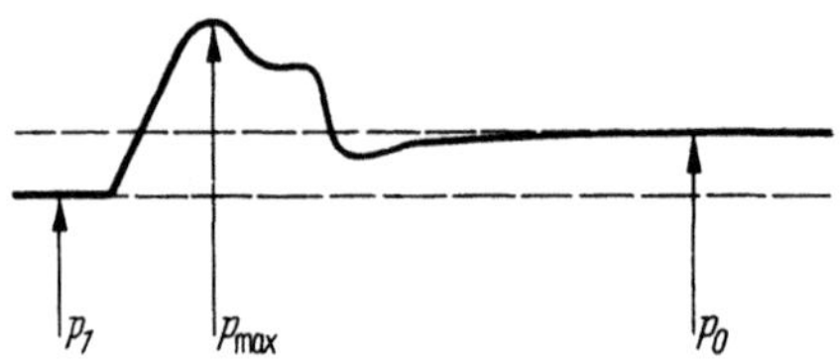

Abb. 7 — Druckanstieg nach einem plötzlichen Lastabwurf.

	Begriff	Begriffserklärung	Zeichen	Einheit
2.11	*Druckänderungen*			
2.11.1	Statischer Druck	Druck bei Durchfluß Null.	p_0	kp/cm²
2.11.2	Größter vorübergehend auftretender Druck	Größter vorübergehend auftretender Druck, der bei plötzlicher Entlastung um einen bestimmten Betrag auftritt (s. Abb. 7).	p_{max}	kp/cm² oder mWS
2.11.3	Größter vorübergehend auftretender Druckanstieg	Größte vorübergehend auftretende Drucksteigerung, ausgedrückt in Prozent des statischen Druckes bei plötzlicher Entlastung um einen bestimmten Betrag	$(x_p)_{max}$	%
		$(x_p)_{max} = 100 \cdot \frac{p_{max} - p_0}{p_0}$.		%
2.12	*Kavitation*			
2.12.1	Begriffserklärung	Kavitation ist Dampfbildung bei örtlicher Druckerniedrigung und nachfolgender, schlagartiger Kondensation.		

	Begriff	Begriffserklärung	Zeichen	Einheit
2.12.2	Kavitations-verschleiß	Kavitationsverschleiß kann über einen bestimmten Zeitraum durch die abgetragene Materialmenge oder indirekt durch Wiegen des Verbrauchs an Auftragsschweißgut bei der Ausbesserung von verschlissenen Oberflächen, so daß die ursprünglichen Abmessungen wieder erreicht werden, oder aus dem Zeitaufwand für die Ausbesserungsarbeiten ermittelt werden.		

3. Klarstellungen

Wenn Begriffe, Begriffserklärungen oder Maßeinheiten umstritten sind, sollen die im gegenseitigen Einverständnis abgeklärten Begriffe, Begriffserklärungen oder Maßeinheiten schriftlich festgelegt werden, bevor die Versuche von den Parteien durchgeführt werden.

4. Herstellerschild

Jede Turbine soll ein Leistungsschild erhalten, auf dem leserlich und dauerhaft die nachstehenden Garantiedaten angebracht sind:

Name des Herstellers

Jahr	Serien-Nr. ....
Fallhöhe	.... m
Wasserstrom................................	.... m^3/s
Leistung der Turbine	.... kW
Drehzahl	.... U/min

Tabelle I

Änderung des spez. Gewichts „γ" von Wasser in Abhängigkeit von Breitengrad, Temperatur und Höhe über dem mittleren Meeresspiegel*

Breitengrad	Spezifisches Gewicht γ des Wassers in kg/dm³ Wassertemperatur in °C					
	0	4	10	20	30	40
auf Meeresspiegel bezogen						
0	0,996	0,996	0,996	0,994	0,992	0,988
10	0,996	0,996	0,996	0,995	0,992	0,989
20	0,997	0,997	0,996	0,995	0,992	0,989
30	0,997	0,997	0,997	0,996	0,993	0,990
40	0,998	0,998	0,998	0,997	0,994	0,990
ca. 45	0,999	0,999	0,998	0,997	0,994	0,991
50	0,999	0,999	0,999	0,997	0,995	0,991
60	1,000	1,000	1,000	0,998	0,996	0,992
70	1,001	1,001	1,000	0,999	0,996	0,993
auf 1000 m bezogen						
0	0,996	0,996	0,996	0,994	0,992	0,988
10	0,996	0,996	0,996	0,994	0,992	0,988
20	0,996	0,997	0,996	0,995	0,992	0,989
30	0,997	0,997	0,997	0,995	0,993	0,989
40	0,998	0,998	0,998	0,996	0,994	0,990
ca. 45	0,998	0,999	0,998	0,997	0,994	0,991
50	0,999	0,999	0,999	0,997	0,995	0,991
60	1,000	1,000	1,000	0,998	0,996	0,992
70	1,000	1,000	1,000	0,999	0,996	0,993
auf 2000 m bezogen						
0	0,996	0,996	0,995	0,994	0,991	0,988
10	0,996	0,996	0,996	0,994	0,992	0,988
20	0,996	0,996	0,996	0,995	0,992	0,989
30	0,997	0,997	0,997	0,995	0,993	0,989
40	0,998	0,998	0,998	0,996	0,994	0,990
ca. 45	0,998	0,998	0,998	0,996	0,994	0,991
50	0,999	0,999	0,999	0,997	0,994	0,991
60	1,000	1,000	1,000	0,998	0,995	0,992
70	1,000	1,000	1,000	0,999	0,996	0,993
auf 4000 m bezogen						
0	0,995	0,995	0,995	0,993	0,991	0,988
10	0,995	0,995	0,995	0,994	0,991	0,988
20	0,996	0,996	0,996	0,994	0,992	0,988
30	0,996	0,997	0,996	0,995	0,992	0,989
40	0,997	0,997	0,997	0,996	0,993	0,989
ca. 45	0,998	0,998	0,998	0,996	0,994	0,990
50	0,998	0,998	0,998	0,997	0,994	0,990
60	0,999	0,999	0,999	0,997	0,995	0,991
70	1,000	1,000	1,000	0,998	0,996	0,992

* Reines destilliertes Wasser, das hinsichtlich des Auftriebs in Luft entsprechend der International Standard Atmosphere (I.C.A.N.) korrigiert worden ist. Obgleich die Werte für trockene Luft gelten, dürfte eine Korrektur unter Berücksichtigung des Feuchtigkeitsgrades die oben angegebenen Werte nicht um mehr als ± 0,1% ändern.

Tabelle II

Änderung der Erdbeschleunigungskonstante „g“ in Abhängigkeit von dem Breitengrad und der Höhe über dem mittleren Meeresspiegel

Breitengrad	Höhe in Meter über dem Meeresspiegel			
	0	1000	2000	4000
Grad	m/s²	m/s²	m/s²	m/s²
0°	9,780 49	9,777 40	9,774 32	9,768 15
10°	9,782 04	9,778 96	9,775 87	9,769 70
20°	9,786 52	9,783 43	9,780 34	9,774 17
30°	9,793 38	9,790 29	9,787 21	9,781 03
40°	9,801 80	9,798 72	9,795 63	9,789 46
50°	9,810 79	9,807 70	9,804 61	9,798 44
60°	9,819 24	9,816 15	9,813 07	9,806 90
70°	9,826 14	9,823 05	9,819 97	9,813 80

Der internationale Normalwert von „*g*“, der von der Internationalen Kommission für Maße und Gewicht übernommen worden ist, beträgt 9,806 65 m/s² entsprechend einem Wert, der ungefähr einem Breitengrad von 45° und dem Meeresspiegel entspricht.

ABSCHNITT III – ART UND UMFANG DER TECHNISCHEN GARANTIEN

1. Allgemeines

Ein Vertrag enthält Hauptgarantien hinsichtlich der Leistung und des Wirkungsgrades der Turbine und mitunter auch zusätzlich Garantien, die sich auf Änderungen der Drehzahl und des Druckes, ferner auf die Durchgangsdrehzahl und auf Kavitationsverschleiß beziehen.

Der Käufer muß dem Hersteller der Turbine einwandfreie, vollständige und brauchbare Unterlagen über die Wasserführung zwischen dem Einlaufbauwerk und dem Unterwasserkanal und über alle dazugehörigen Teile und Ausrüstungen zur Verfügung stellen; ferner Unterlagen über alle von der Turbine angetriebenen Maschinen (elektrisch oder nicht elektrisch) und über die dazugehörigen umlaufenden Teile; ferner Unterlagen über die Regler, die Absperrorgane, die Schützen und über die dazugehörigen Antriebsmechanismen.

Die anbietende Firma soll nicht für die Werte der Fallhöhe und des Wasserstromes verantwortlich sein, auf denen die Leistungen und Garantien basieren, selbst wenn sie oder ihr Vertreter die dafür notwendigen Messungen durchgeführt hat.

Wenn der Generator in der Anlage zur direkten Leistungsmessung unter Benutzung des vorgegebenen Wirkungsgrades verwendet wird, sollen der Generator und seine Hilfsmaschinen im Werk des Generatorlieferanten durch geeignete Abnahmeversuche durchgemessen werden, denen der Turbinenhersteller oder sein Vertreter beiwohnen darf. In gegenseitiger Absprache soll eine beglaubigte Abschrift der Auswertung der Generatorversuche und der Ergebnisse dem Turbinenhersteller zur Verfügung gestellt werden.

2. Hauptgarantien

2.1 *Leistung*

Die für die Turbinenleistung abgegebene Garantie ist erfüllt, wenn die Turbine bei der garantierten Fallhöhe und bei der Garantiedrehzahl nicht weniger als die garantierte Nennleistung erzeugt. Die Garantien können für verschiedene Garantiefallhöhen abgegeben werden.

2.2 *Wirkungsgrad*

2.2.1 Die Wirkungsgradgarantien sind erfüllt, wenn die ermittelten Wirkungsgrade nicht unter den garantierten Werten liegen. Garantien können für die Garantieleistung oder den Garantiewasserstrom und verschiedene Teilbelastungen oder Teilwasserströme abgegeben werden:

2.2.1.1 Als mittlerer gewichteter Wirkungsgrad über einen bestimmten Leistungs- oder Wasserstrombereich (II.2.8.2).

2.2.1.2 Als mittlerer arithmetischer Wirkungsgrad über einen bestimmten Leistungs- oder Wasserstrombereich (II.2.8.3).

2.2.1.3 Als mittlerer planimetrischer Wirkungsgrad über einen bestimmten Leistungs- oder Wasserstrombereich (II.2.8.4).
Diese Garantien können für verschiedene Nennfallhöhen verlangt und abgegeben werden.

2.2.2 Wenn bei den Versuchen die garantierte Nennleistung oder der garantierte Wasserstrom überschritten wird, ist der Lieferant berechtigt, eine höhere Leistung oder einen höheren Wasserstrom als neue Garantie anzugeben, die jedoch nicht mehr als 10% über der garantierten Leistung oder dem garantierten Wasserstrom liegen darf, um auf Grund dieser neuen Angabe den mittleren Wirkungsgrad zu bestimmen. Er kann dann diese neugewählte Leistung oder den Wasserstrom dazu verwenden, um die Höhe eventueller Vertragsstrafen zu verringern. Wenn Prämien in Frage kommen, müssen die Prämien auf ein Minimum herabgesetzt werden.

2.2.3 Diese neugewählte Leistung oder der neugewählte Wasserstrom sollen als Garantieleistung oder als Garantiewasserstrom für alle anderen Garantien angesehen werden.

3. Andere Garantien

3.1 *Drehzahl- und Druckänderungen*

Die zusätzlichen Garantien können sich auf die Begrenzung der Höhe der Drehzahl -und Druckänderungen beziehen, die bei plötzlicher Ent- oder Belastung um festgelegte Belastungswerte auftreten.

3.2 *Durchgangsdrehzahl*

Es kann eine Garantie festgelegt werden, daß die Durchgangsdrehzahl bei einer bestimmten Fallhöhe einen bestimmten Wert auch bei ungünstigsten Betriebsverhältnissen (s. II.2.9.3) und bei einer bestimmten Saughöhe nicht überschreitet.

3.3 *Kavitationsverschleiß*

Es kann eine Garantie verlangt und gegeben werden, die den Umfang des Kavitationsverschleißes begrenzt (s. II.2.12.2). Eine solche Garantie kann unter der Bedingung abgegeben werden, daß die Turbine nur innerhalb der vorgeschriebenen Grenzen der Leistung, der zeitlichen Dauer, der Wassertemperatur und des Unterwasserspiegels arbeitet (Abb. 5).

4. Garantiedauer

Wenn keine gegenteiligen Bestimmungen festgelegt worden sind, soll die angebotene und die abgegebene Garantiedauer von der industriellen Inbetriebnahme ab gerechnet mindestens *12 Monate* und maximal 24 Monate betragen.

ABSCHNITT IV – VORBEDINGUNGEN FÜR DIE VERSUCHSDURCHFÜHRUNG

1. Rechtzeitige Vorkehrungen für die Abnahmeversuche vor der Errichtung der Anlage

Es wird empfohlen, daß bereits im Konstruktionsstadium der Anlage die Erfordernisse für die Abnahmeversuche berücksichtigt werden. Dies gilt im besonderen für alle Maßnahmen, die zum Messen des Wasserstromes und der Fallhöhe getroffen werden müssen. Auch die für die Messung des Wasserstromes zu verwendende Methode sollte in diesem Stadium bereits berücksichtigt und gewählt werden.

Die Prüfverhältnisse sollten ebenfalls bereits dann berücksichtigt werden, wenn der eventuelle Käufer oder seine Ingenieure eine Anfrage an die in Frage kommenden Lieferanten richtet. Es ist dabei zu erwähnen, daß entsprechend den Vorschriften dieser Regeln Abnahmeversuche durchgeführt werden sollen. Wenn in irgendeiner Weise von diesen Regeln abgewichen werden soll, sollten die Abweichungen klar umrissen werden.

2. Zulässige Abweichungen von den festgelegten Verhältnissen

2.1 *Angabe der erwarteten Betriebsbedingungen*

Im allgemeinen kommen im praktischen Betrieb in der Anlage Schwankungen der Fallhöhe vor. Es wird daher empfohlen, daß bei der Ausschreibung die dem Lieferanten zur Verfügung gestellten Unterlagen Angaben über die erwarteten normalen, kleinsten und größten Fallhöhen enthalten, für die die Garantien hinsichtlich Leistung und Wirkungsgrad gelten sollen. Während der Versuche werden die folgenden Abweichungen von den Nennwerten zugestanden:

2.2 *Schwankungen während der einzelnen Versuchsreihen*

Die Messungen sollen bei konstanter Fallhöhe, konstanter Belastung und konstanter Drehzahl durchgeführt werden. Während einer bestimmten Versuchseinstellung dürfen die Schwankungen bei fest eingestellter Leitradöffnung die folgenden Werte nicht überschreiten:

2.2.1 Lastschwankungen dürfen nicht größer sein als $\pm$ 1,5% der durchschnittlichen Belastung.

2.2.2 Fallhöhenschwankungen dürfen $\pm$ 1% der durchschnittlichen Fallhöhe nicht überschreiten.

2.2.3 Drehzahlschwankungen dürfen $\pm$ 0,5% der durchschnittlichen Drehzahl nicht überschreiten.

2.3 *Abweichungen von der Garantie-Fallhöhe*

2.3.1 Die tatsächlich vorhandene durchschnittliche Fallhöhe (Drehzahl) für jede einzelne Versuchsreihe während der gesamten Abnahmeversuche darf vom Nennwert nicht mehr als $\pm$ 3% ($\pm$ 1,5%) abweichen, wenn die Drehzahl (Fallhöhe) gemäß IV.2.2 auf dem Nennwert gehalten wird.

2.3.2 Die Fallhöhe darf nicht mehr als $\pm$ 10% abweichen, wenn die Drehzahl entsprechend dem Verhältnis

$$\frac{n_1}{n_r} = \sqrt{\frac{H_1}{H_r}}$$

eingestellt wird.

Die Indizes „r“ und „1“ beziehen sich auf die vorgeschriebenen bzw. tatsächlichen Werte.

2.3.3 Wenn die Drehzahl nicht so eingestellt werden kann, daß Fallhöhenabweichungen, die größer als $\pm$ 3% sind, vermieden werden können, so können im gegenseitigen Einverständnis die Versuchsergebnisse hinsichtlich Fallhöhen- und/oder Drehzahlabweichungen aufgrund von Modellversuchskurven korrigiert werden, falls solche zur Verfügung stehen. Wenn für verschiedene Fallhöhen ausreichend garantierte Werte zugänglich sind, so werden die entsprechend garantierten Fallhöhen und die entsprechend garantierten Werte für Leistung und Wirkungsgrad durch Interpolieren ermittelt.

2.4 *Unterwasserspiegel*

Bei Überdruckturbinen darf der Unterwasserspiegel nicht unter dem Spiegel liegen, der der maximalen im Kontrakt angegebenen Saughöhe entspricht. Wenn die wirklich vorhandene Fallhöhe von der garantierten Fallhöhe gemäß IV.2.3 abweicht, dürfen die Kavitationsverhältnisse, die für diese Fallhöhe ermittelt werden, nicht schlechter sein als die für die garantierte Fallhöhe.

Bei Freistrahlturbinen darf der höchste Unterwasserspiegel nicht über dem höchsten im Vertrag angegebenen Wasserspiegel liegen.

3. **Überprüfung der örtlichen Verhältnisse**

Vor Durchführung der Messungen soll an Ort und Stelle eine Überprüfung vorgenommen werden, um festzustellen, ob die Bedingungen gemäß IV.2 ebenso wie die Bedingungen gemäß Abschn. VIII für die geplanten Meßverfahren erfüllt werden. Diese Überprüfung soll auch eine Untersuchung des Zustandes des Wassers einschließen. Das Wasser darf keine übermäßigen Mengen von Rinde, Blättern, Unkraut oder anderen Fremdkörpern mit sich führen, die sich an den Kanten der Laufradschaufeln festsetzen und dadurch die einwandfreie Durchströmung beeinträchtigen können.

ABSCHNITT V – DURCHFÜHRUNG DER VERSUCHE

1. Personal

Von besonderer Wichtigkeit ist die Auswahl des Personals, das zu der Durchführung der Messungen und zu den damit in Zusammenhang stehenden Arbeiten benötigt wird.

1.1 *Verantwortung für den Versuch*

Wenn nicht anderslautende Bestimmungen im Vertrag aufgenommen sind, sollen beide Parteien hinsichtlich der Meßmethoden, der Durchführung der Messungen und der Auswahl des Personals, das die Messungen durchführt, gleichberechtigt sein. Die Messungen sollten jedoch möglichst Fachleuten überlassen werden, die gegenüber den beiden Parteien neutral sind.

1.2 *Versuchsleiter*

Ein Versuchsleiter soll im gegenseitigen Einvernehmen von den beiden Parteien bestimmt werden. Diesem sollen alle, die bei den Messungen die Beobachtungen machen, unterstellt werden. Der Versuchsleiter soll die Messungen leiten und überwachen und soll die Versuchsbedingungen in einem Bericht festlegen. Der Versuchsleiter soll für alle Messungen verantwortlich sein. Ebenso soll er die Auswertung der Meßergebnisse und die Ausarbeitung des Schlußberichtes übernehmen. Wenn irgendwelche Fragen hinsichtlich der Messungen oder der Durchführung der Messungen auftreten sollten, soll seine Entscheidung endgültig sein.

1.3 *Personal, Anzahl und Zuständigkeitsbereich*

Ein erfahrener Hydrauliker soll mit der Messung des Wasserstromes betraut werden, ebenso wie ein erfahrener Elektroingenieur mit der Messung der elektrischen Leistung. Alle anderen Mitglieder des für die Messung eingesetzten Personals sollen über ausreichende Erfahrung verfügen, die sie befähigt, genaue und zuverlässige Ablesungen an den ihnen anvertrauten Instrumenten vorzunehmen.

1.4 *Teilnahme an den Abnahmeversuchen*

Der Käufer und Turbinenhersteller sind berechtigt, Herren ihres leitenden Personals zur Teilnahme an den Versuchen abzustellen.

2. Versuchsvorbereitungen

2.1 *Vorlage von Zeichnungen und wichtigen Angaben*

Alle für die Messungen wichtigen Zeichnungen sowie alle einschlägigen Unterlagen, Dokumente, Spezifikationen, Bescheinigungen und Berichte über die Betriebsverhältnisse sind dem Versuchsleiter zur Verfügung zu stellen.

2.2 *Besichtigung der Turbine*

Etwa innerhalb zwei Tagen vor Beginn der Messungen soll die Turbine besichtigt werden. Bei diesem Anlaß ist folgendes zu kontrollieren:

2.2.1 Feststellung, daß die Maschinen entsprechend der Spezifikation vollständig sind.

2.2.2 Feststellung, daß die Skalen für die Leitrad- oder Düsenöffnungen und für die Laufradwinkel den tatsächlich gemessenen Werten entsprechen.

2.2.3 Gewährleistung, daß die Wasserführungen nicht durch Fremdkörper verstopft oder durch solche eingeengt sind.

2.2.4 Feststellung, daß an wichtigen Teilen keine übermäßige Abnützung stattgefunden hat.

2.2.5 Feststellung, daß die Leitungen zu den Druckentnahmestellen nicht verstopft sind und daß die Druckanbohrungen die richtige Form und die richtige Lage haben.

2.3 *Messungen vor dem Versuch*

Es wird empfohlen, vor der Inbetriebnahme des Aggregates die Abmessungen der Druckrohrleitungen und die Länge der Druckrohrleitungen zwischen den Druckentnahmestellen, falls solche Unterlagen gebraucht werden, genau nachzumessen.

2.4 *Besichtigung nach dem Versuch*

Nach Beendigung der Messungen sollen die Wasserführungen nochmals überprüft werden, um festzustellen, ob Fremdkörper in den Wasserführungen vorhanden sind.

3. **Festlegung der Versuchsdurchführung**

3.1 *Zustimmung zur Versuchsdurchführung*

Wie die Messungen durchgeführt werden sollen, ist vom Versuchsleiter zu umreißen, wobei die Angaben entsprechend IV.1 zu berücksichtigen sind. Alle Meßanordnungen und Meßprogramme sind dem Käufer und dem Hersteller zur Stellungnahme und zur Genehmigung vorzulegen. Die Zustimmung und eventuelle Einwendungen müssen schriftlich erfolgen.

3.2 *Allgemeines Versuchsprogramm*

Die Abnahmeversuche sollen erst dann stattfinden, wenn die Turbine nach erfolgten ordnungsgemäßen Probeläufen dem Käufer für den normalen Betrieb übergeben worden ist. Dem Käufer ist die Entscheidung zu überlassen, wann die Abnahmeversuche stattfinden sollen, wobei die Betriebsverhältnisse und die Wasserdarbietungen zu berücksichtigen sind. Die Abnahmeversuche sollen möglichst bald nach Übergabe der Turbine an den Käufer und müssen, wenn nicht schriftlich anders vereinbart, innerhalb der Garantiezeit erfolgen. Das allgemeine Versuchsprogramm soll vom Versuchsleiter entworfen werden und soll Angaben zu den folgenden Punkten enthalten:

3.2.1 *Umfang und geschätzte Dauer der Versuche.* Dabei sind Angaben über die Versuchsreihen und die Belastungspunkte, bei denen diese Versuchsreihen durchgeführt werden, zu machen.

3.2.2 *Anzahl und Bezeichnung der zu untersuchenden Turbinen.* Es ist dabei anzugeben, ob bei mehreren oder nur bei einem Aggregat einer Gruppe von gleichen Maschinen Wirkungsgradmessungen durchgeführt werden sollen.

3.2.3 *Einzelheiten der Messungen.* Die für die Messung des Wasserstromes, der Leistung und der Fallhöhe zu verwendenden Methoden sind anzugeben.

3.2.4 *Kaplanturbinen mit oder ohne a_0-φ-Zusammenhang.* Wenn möglich, sind Wirkungsgrad- und Leistungsmessungen an Kaplanturbinen mit abgeschaltetem a_0-φ-Zusammenhang durchzuführen, da in diesem Falle das richtige Verhältnis zwischen diesen beiden Werten kontrolliert werden kann. Mindestens fünf Wirkungsgradmessungen sind für jeden Winkel bei verschiedenen Leitradöffnungen in der Nähe der erwarteten richtigen Öffnung für den gewählten Laufradwinkel durchzuführen. Die kurvenmäßige Auswertung dieser Versuche ergibt die günstigste Zuordnung der beiden Werte. Um Zeit zu sparen, können zur Festlegung der richtigen Öffnung sogenannte „Index-Messungen" mit nur relativen Wirkungsgradwerten durchgeführt werden. Diese relativen Messungen müssen für die gefundene richtige Leitradstellung durch abschließende Messungen nach einem geeigneten anerkannten Verfahren ergänzt werden. Wenn das günstigste a_0-φ-Verhältniss durch „Index"-Versuche früher bereits bestimmt worden ist, brauchen anstelle der oben geforderten fünf Versuchspunkte nur drei gemessen zu werden. Mit gegenseitiger Zustimmung können die Versuche auch mit festem a_0-φ-Zusammenhang durchgeführt werden.

3.2.5 *Vorgehen bei gewichteten Wirkungsgraden.* Wenn als Grundlage der Garantie gewichtete Wirkungsgrade gefordert werden, wobei die verschiedenen Wasserströme verschieden bewertet werden, ist das gleiche Verfahren zu verwenden. Für alle Versuchsreihen ist größte Genauigkeit anzustreben, nicht nur für die Belastungen, auf die sich die gewichteten Wirkungsgrade beziehen, da einwandfreie Kurven über den gesamten Versuchsbereich aufgestellt werden müssen. Der Versuchsleiter soll bestimmen, für welche Punkte die Messungen wiederholt werden sollen.

4. Meßinstrumente

4.1 *Allgemeine Bestimmungen*

Das Fabrikat und die Fabrikationsnummer und der Eigentümer der Meßinstrumente sind im Schlußbericht anzugeben. Alle Kotenbezugspunkte im Meßsystem für die Bestimmung der Fallhöhe sind bis zur Genehmigung des Schlußberichtes des Abnahmeversuchs zu belassen.

4.2 *Eichung der Meßinstrumente*

Für alle Meßinstrumente, die an Ort und Stelle nicht geeicht werden können, sollen Eichzeugnisse einer amtlichen Stelle vorhanden sein. Diese Zeugnisse müssen zum Zeitpunkt der Messung gültig sein.

Nach Vollendung der Messungen soll eine Nacheichung erfolgen, es sei denn, daß im gegenseitigen Einvernehmen auf eine solche verzichtet wird. Das Datum der Eichung und der Ort, an dem die Eichung durchgeführt worden ist, sind im Schlußbericht niederzulegen. Die Eichstelle soll entscheiden, ob die Ergebnisse der beiden Eichungen in den normalen Grenzen liegen. Wenn das der Fall ist, soll das arithmetische Mittel der Abweichungen verwendet oder eine besondere Vereinbarung getroffen werden.

5. Allgemeine Bemerkungen

5.1 Eine ausreichende Anzahl geeigneter Meßdatenblätter mit einer deutlichen Angabe der zu messenden Werte sind für die verschiedenen Beobachtungsstellen bereitzuhalten. Von jedem Meßdatenblatt sollen soviel Kopien vorhanden sein, daß jeder Partei und dem Versuchsleiter unmittelbar nach dem Versuch je ein vollständiger Satz Meßdatenblätter ausgehändigt werden können.

5.2 Alle Ablesungen sollen in Abhängigkeit von der Zeit und in regelmäßigen Abständen erfolgen oder aber nach Signalen, die an alle Beobachtungsstellen geleitet werden.

5.3 Alle Momentanwerte sollen für jeden Meßpunkt über den gleichen Zeitraum abgelesen werden. Der arithmetische Mittelwert der Momentanwerte soll für die Auswertung der Versuche verwendet werden.

5.4 Bevor eine Messung durchgeführt wird, sind die Öffnungen der Düsen oder der Leitschaufeln (bei Kaplanturbinen auch die Stellung der Laufradflügel) bei verschiedenen Einstellungen genau zu messen und auf geeignete Skalen zu übertragen. Diese Skalen müssen im Betrieb zugänglich sein. Die Skalenwerte sind für jede Versuchsreihe aufzuschreiben. Auch die Meßergebnisse können auf solche registrierten Einstellungen bezogen werden (s. V.2.2.2).

5.5 Bevor die Messungen durchgeführt werden, sollen die erforderlichen Korrektur- und Eichkurven für alle Meßinstrumente, die Verwendung finden, zur Verfügung stehen, so daß kurzzeitig nach einer Versuchsreihe vorläufige Auswertungen in ausreichender Anzahl durchgeführt werden können. Alle eventuell dabei festgestellten Fehler sollen entweder ausgemerzt oder entsprechend berücksichtigt werden. Nur unter dieser Voraussetzung dürfen die Messungen beendet und die Meßinstrumente ausgebaut werden (s. V.4.2).

5.6 Die für jede in den Regeln angegebene Messung zu treffenden Maßnahmen sind Teil 2 zu entnehmen

6. Unterschreiben der Meßaufzeichnungen

Die Meßaufzeichnungen sollen vom Versuchsleiter unterschrieben werden.

7. Vorgehen bei Anfechtung oder Wiederholung der Messungen

Nach Beendigung des Versuches sollen die Unterlagen von beiden Parteien überprüft werden. Die wichtigsten Ergebnisse sollen überschlägig an Ort und Stelle ausgewertet werden, bevor das Versuchspersonal auseinandergeht. Wenn klar begründete Einwände gegen die Versuche schriftlich erhoben werden, soll die Partei, die diese Einwände macht, das Recht haben, neue Messungen zu fordern. Wenn eine Einigung hinsichtlich der Durchführung solcher Versuche nicht erreicht werden kann, soll die Angelegenheit einem neutralen, von beiden Seiten anerkannten Schiedsrichter vorgelegt werden.

ABSCHNITT VI — AUSWERTUNG DER VERSUCHSERGEBNISSE

1. Umrechnung auf die Garantiebedingungen

1.1 Bei der Verwendung der Meßmethoden, die in Teil 2 beschrieben sind, sollen für jede Einstellung des Leitrades oder der Düsen die Versuchswerte, der Wasserstrom Q, die Fallhöhe H_n und die Turbinenleistung P_t angegeben werden.

Wenn gewogene Wirkungsgrade verwendet und mehrere Messungen für die wichtigeren Belastungen bei unveränderten Öffnungen durchgeführt werden, sollen zwei oder mehrere zugeordnete Werte von Q, H_n und P_t für die gleiche Öffnung berechnet werden (s. V.3.2.5).

1.2 Wenn die Versuchsbedingungen von den im Abschn. IV geforderten nicht abweichen — im besonderen gilt dies für die Betriebsfallhöhe H_n — so können die Versuchsergebnisse auf die Garantiebedingungen umgerechnet werden (H_r) (s. VI.3.1).

Für diese Umrechnungen sind die folgenden Gleichungen zu verwenden:

$$Q_r = Q\left(\frac{H_r}{H_n}\right)^{1/2}, \quad P_r = P_t\left(\frac{H_r}{H_n}\right)^{3/2}.$$

Der Turbinenwirkungsgrad, der für diese Umrechnung unverändert übernommen wird, ist

$$\eta_r = \eta_t = \frac{P_t}{k \cdot \gamma \cdot Q \cdot H_n} \text{ mit } k = \frac{1000}{102}.$$

1.3 Wenn sich die Versuchsfallhöhe (H_n) über die zulässigen Grenzen der Garantiefallhöhe (H_r) hinaus ändert, so kann die Drehzahl wie folgt korrigiert werden:

$$n_r = n_n\left(\frac{H_r}{H_n}\right)^{1/2}.$$

Umgekehrt kann die Gleichung verwendet werden, um die Versuchsdrehzahl zu berechnen, wenn die geschätzte Versuchsfallhöhe (H_n) wesentlich von der Garantiefallhöhe (H_r) abweicht (s. IV.2.3).

1.4 Mit Benutzung der Gleichungen in Abschn. VI.1.2 können die Wirkungsgrade η_t für jeden Versuchspunkt gerechnet und über P_t oder Q aufgetragen werden.

2. Meßungenauigkeiten

2.1 Jede Messung ist zwangsweise mit Meßungenauigkeiten behaftet. Dies gilt auch, wenn Meßverfahren, Meßinstrumente und Berechnungen genau den Regeln entsprechen. Bei einem Vergleich der Meßergebnisse mit den garantierten Werten müssen daher diese Meßungenauigkeiten in geeigneter Weise berücksichtigt werden. Das kann in verschiedener Weise geschehen.

2.2 Die Meßerfahrungen mit einer größeren Anzahl von Wasserturbinen hat gezeigt, daß sich die beim Messen der Fallhöhe, des Wasserstromes, der Leistung und der Drehzahl auftretenden Ungenauigkeiten häufig gegeneinander aufheben, sie können sich jedoch auch addieren. Wenn eine Messung entsprechend diesen Regeln durchgeführt wird, so sollte der sich ergebende durchschnittliche Gesamtfehler für η_t innerhalb der Grenzen $\pm 1\%$ und $\pm 2\%$ liegen. Der Wert des Gesamtfehlers kann schon bei der Unterschriftsleistung des Vertrages festgelegt werden, unter Berücksichtigung der zu verwendenden Meßmethoden. Beim Vergleich der Ergebnisse, die bei Abnahmeversuchen erhalten worden sind, mit den garantierten Werten, ist der Meßfehler für η_t bei der Messung zu berücksichtigen (s. VI.3).

2.3 Die mittlere Meßungenauigkeit von η_t kann unter Berücksichtigung der möglichen Fehler, die jedem einzelnen Wert anhaften, geschätzt werden (Einzelheiten hierüber sind im Abschn. VI.4 enthalten). Die wahrscheinlichen Meßfehler f_Q, f_H und f_P bei der Messung von Q, H und P können genau genommen nur berechnet werden, wenn die Meßergebnisse vollständig vorliegen; die Meßungenauigkeit f_η für den Wirkungsgrad η_t wird dann entsprechend Abschn. VI.4.6 ermittelt.

2.4 Abschließend ist ausdrücklich darauf hinzuweisen, daß sich Meßungenauigkeiten nur auf die Messungen selbst beziehen und nicht auf die Wirkungsweise der Turbine.

3. Vergleich mit den Garantiewerten

3.1 Wenn bei Kraftwerken Fallhöhenänderungen auftreten, werden die Garantien für P_t und η_t häufig für verschiedene Fallhöhen H_r angegeben.

3.2. In solchen Fällen kann die Garantiekurve für die mittlere Versuchsfallhöhe H_{n_m} durch Interpolieren bestimmt werden. Auf diese Weise kann man oft die Anpassung der Versuchsdrehzahl n_r an die verschiedenen Versuchsgefälle H_n verzichten und so die Abnahmeversuche erleichtern und vereinfachen.

3.3 In Abb. 8 ist der Turbinenwirkungsgrad als Funktion der Turbinenleistung P_t aufgetragen, umgerechnet für eine konstante Garantiefallhöhe H_r oder H_{n_m}.

Für jeden Versuchspunkt wird eine vertikale Linie gezogen, um die Meßungenauigkeit entweder entsprechend VI.2.2 oder entsprechend VI.2.3 zu zeigen. Die oberen und unteren Enden dieser vertikalen Linien werden durch zwei ausgleichende Kurven miteinander verbunden. Dadurch erhält man für die Turbine einen Versuchswirkungsgrad-Streifen. Alle Wirkungsgrade, die innerhalb dieses Streifens liegen, sind gleichwertig.

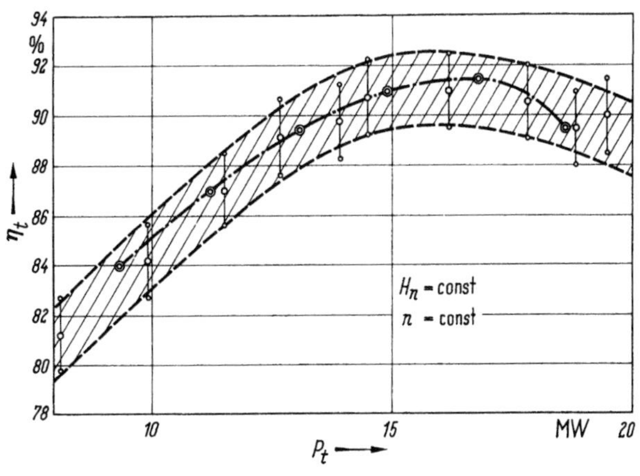

Abb. 8 — Vergleich der gemessenen Wirkungsgrade mit den garantierten.
Garantiewerte innerhalb des Bandes der Meßungenauigkeiten.

3.4 Wenn die Kurve der garantierten Wirkungsgrade vollkommen in diesen Streifen hineinfällt, wie dies in Abb. 8 gezeigt wird, dann soll die Garantie hinsichtlich des Wirkungsgrades für die in Frage kommende Fallhöhe als erfüllt angesehen werden.

3.5 Wenn die Garantiekurve ganz oder teilweise oberhalb der oberen Begrenzung dieses Wirkungsgradstreifens liegt, dann muß die Garantie für diese Lastbereiche als nicht erfüllt angesehen werden. Wenn der Kontrakt eine Pönale vorsieht, so soll diese nur für diese Teile der Kurve berechnet werden (s. Kurvenabschnitte *A* in Abb. 9).

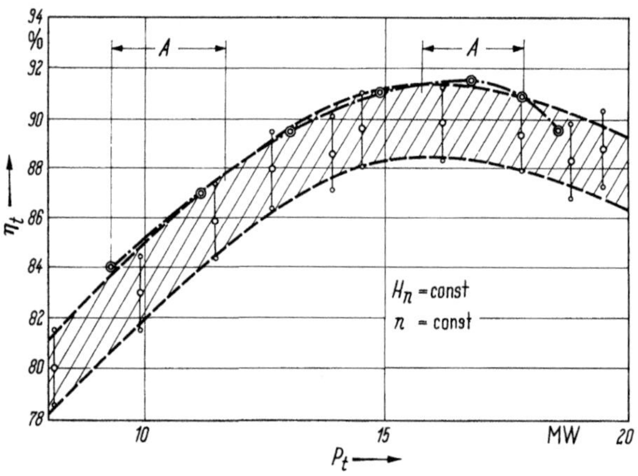

Abb. 9 — Vergleich der gemessenen und der garantierten Wirkungsgrade. Garantiewerte oberhalb des Bandes der Meßungenauigkeiten (*A*).

3.6 Wenn andererseits die garantierte Kurve entweder ganz oder teilweise unterhalb der unteren Begrenzung dieses Wirkungsgradstreifens liegt, so sind allein diese Teile maßgebend für eventuelle Prämien (s. Kurvenabschnitte *B* in Abb. 10).

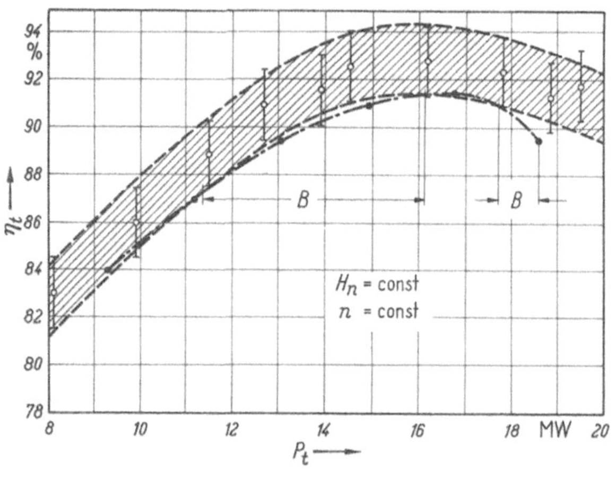

Abb. 10 — Vergleich der gemessenen und der garantierten Wirkungsgrade. Garantiewerte teilweise unterhalb des Bandes der Versuchsungenauigkeiten (*B*).

3.7 Wenn dies im gegenseitigen Einvernehmen im Kontrakt festgelegt ist, kann ein ähnliches Verfahren für jeden einzelnen garantierten Wert angewendet werden.

3.8 Als Leistung bei Vollbelastung (100% Leistung) kann jede Leistung P_t, die tatsächlich von der Turbine erreicht wird, bezeichnet werden, sofern diese Leistung zwischen 100 und 110% der Leistung liegt, die für das entsprechende Gefälle H_r garantiert ist (s. III.2.2.2 und III.2.2.3).

3.9 Ähnlich kann vorgegangen werden, wenn die Wirkungsgrade in Abhängigkeit von dem Wasserstrom garantiert werden.

3.10 Meßpunkte, die außerhalb des Wirkungsgradstreifens fallen, müssen als ungültig angesehen werden.

3.11 Wenn mehr als $^1/_4$ aller Meßpunkte ungültig ist, ist der gesamte Abnahmeversuch als ungültig zu erklären, da in einem solchen Fall die in diesen Bestimmungen festgelegte Genauigkeit nicht erreicht wurde.

3.12 Eine andere Methode zur Kontrolle der streuenden Meßpunkte besteht darin, daß man die Werte für den Wasserstrom (Q) und die Leistung (P_t), umgerechnet für eine konstante Nettofallhöhe H_n (s. VI.1.2, VI.3.1 und VI.3.2) in Abhängigkeit von der Leitrad- oder der Düsennadelöffnung (s. VI.3.1) aufträgt. In ähnlicher Weise ist die Leistung in Abhängigkeit von dem Wasserstrom aufzutragen.

Es sind ausgleichende Kurven durch die Punkte zu legen, die die Mittelwerte der verschiedenen Beobachtungen darstellen. Die drei Kurven (Wasserstrom — Leitradöffnung, Leistung — Leitradöffnung und Leistung — Wasserstrom) sind dann miteinander zu vergleichen und auszugleichen, bis die zusammengehörenden Werte übereinstimmen.

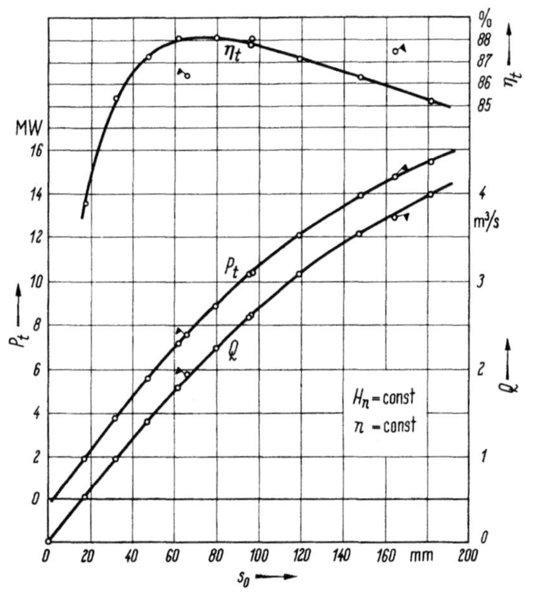

Abb. 11 — Kurven der Versuchswerte in Abhängigkeit von der Leitradöffnung s_0.

Unter Verwendung der letzten Gleichung in Abschn. VI.1.2 kann der Wirkungsgrad für verschiedene Punkte im gesamten Bereich dieser Primärkurven berechnet und eine Wirkungsgradkurve abgeleitet werden, die als Funktion der Leistung aufgetragen wird (Abb. 11).

4. Einzelmeßfehler

Die folgende Tabelle kann als Richtlinie für die Berechnung der Meßungenauigkeit f_η (s. VI.2.3) aus den geschätzten Meßungenauigkeiten für jeden einzelnen gemessenen Wert verwendet werden.

4.1 *Wasserstrom*

	Wahrscheinliche Ungenauigkeit f_Q
4.1.1 Verwendung von Meßflügeln:	
in offenen Kanälen	± 1,5%
in geschlossenen Turbineneinläufen, Rohrleitungen von 0,8 bis 1,5 m Durchmesser	± 1,2%
in Rohrleitungen mit einem größeren Durchmesser als 1,5 m	± 1,0%
4.1.2 Überfallmessungen (ohne Seiteneinschnürung)	± 1,5%
4.1.3 Behältermessung	± 0,3%
4.1.4 Schirmmessung	± 0,3%
4.1.5 GIBSON-Methode	± 1,0%
4.1.6 ALLEN-Salzgeschwindigkeitsverfahren	± 1.0%
4.1.7 Staurohrmessung	± 1,5%
4.1.8 Verwendung von Salzlösungen in Druckrohrleitungen	± 1,5%

4.2 *Freier Wasserspiegel*

Messung der Wasserspiegeldifferenz h (in m) (nicht für Überfallmessungen)

	Wahrscheinliche Ungenauigkeit f_h
4.2.1 mit Stechpegel, Schwimmpegel, Druckluft	$\frac{1}{h}$ %
4.2.2 mit Meßsteller, feste Pegel	$\frac{5}{h}$ %

4.3 *Druck*

	Wahrscheinliche Ungenauigkeit f_p
4.3.1 Gewichtsmanometer	± 0,1 %
4.3.2 Quecksilbermanometer (h in m)	$\pm\frac{0,1}{h}$ %
4.3.3 Federmanometer, wenn an Ort und Stelle geeicht	± 0,5 %

4.4 *Leistung*

	Wahrscheinliche Ungenauigkeit f_P
4.4.1 durch Messen des Drehmomentes und der Drehzahl	± 1,0%
4.4.2 durch Messen der elektrischen Leistung an den Klemmen von	
Gleichstromgeneratoren	± 1,0%
und Wechselstromgeneratoren	± 0,8%

Diese Werte hängen ab von dem für die Bestimmung der Generatorverluste verwendeten Verfahren. Z. B. kann in solchen Fällen, in denen Nebenwiderstände für die Messung sehr großer Gleichströme verwendet werden, f_P erhöht werden.

4.5 *Fallhöhe*

Die Ungenauigkeit f_H kann mit guter Annäherung aus der Ungenauigkeit f_h der gemessenen Höhe, aus der Ungenauigkeit f_p des gemessenen Druckes p und aus dem spezifischen Gewicht nach der folgenden Formel errechnet werden:

$$f_H = \frac{(f_h \cdot h) + (f_p \cdot p/\gamma)}{h + p/\gamma}.$$

4.6 *Wirkungsgrad*

4.6.1 Die Ungenauigkeit f_η für die Bestimmung des Turbinenwirkungsgrades wird aus den geschätzten Einzelwerten nach der folgenden Formel berechnet:

$$f = \pm \sqrt{f_Q^2 + f_H^2 + f_P^2}.$$

Für eine sorgfältige Messung und für normale Versuchsbedingungen kann eine Ungenauigkeit für η_t von $\pm$ 1,0% bis $\pm$ 2,0% erhalten werden. Unter ungünstigsten Verhältnissen ist jedoch ein höherer Wert in Betracht zu ziehen.

4.6.2 *Thermodynamische Methode.* Wenn diese bei Fallhöhen über 150 m verwendet wird, so beträgt

$$f_\eta = \pm 1{,}5\%.$$

ABSCHNITT VII — Schlußbericht

1. Vorbereitung des Berichtes

Der Abschlußbericht soll vom Versuchsleiter aufgestellt werden. Es soll zunächst ein Entwurf gemacht werden, der dem Käufer und dem Lieferanten der Turbine vorzulegen ist, damit hinsichtlich der Berechnungseinzelheiten und der Darstellung der Ergebnisse beide Parteien ihr Einverständnis erklären können. Meinungsverschiedenheiten sollen durch beide Parteien geregelt werden, wobei jede Partei für die Festlegung der endgültigen Form gleichberechtigt ist.

2. Inhalt

Der Abschlußbericht soll, wenn auch nicht unbedingt in der nachstehenden Reihenfolge, doch die nachstehenden Angaben enthalten:

2.1 Gegenstand der Versuche.

2.2 Aufzeichnung über irgendwelche, den Versuch betreffende und ihm vorausgehende Abmachungen.

2.3 Verzeichnis der Personen, die an den Versuchen teilnahmen.

2.4 Beschreibung der gesamten Maschinengruppe, Turbine und Generator und Angaben über die Betriebs- und Belastungsverhältnisse der Turbine bis zum Zeitpunkt der Versuche, Turbinenangaben nach dem Leistungsschild, im Vertrag garantierter Wirkungsgrad und garantierte Leistung.

2.5 Beschreibung der Einrichtungen, die für die Messung der Leistung, der Fallhöhe und des Wasserstroms verwendet worden sind und deren Eichung.

2.6 Versuchsdurchführung.

Gesellschaft ______________________ Anlage ______________________

Ergebnisse der Wirkungsgradmessungen an Turbine Nr. ________ vom ________ bis ________

Bestimmung von Leistung und Wirkungsgrad

Versuchs-Nr.	Datum Zeit	Turbinen-Öffnung	Sekundl. Wassermenge od. Wasserstrom Q	Nutz-Fallhöhe H_n	Hydraul. Leistung oder disponible Leistung P_d	Klemmen-Leistung des Generators P_{gen}	Generator Wirkungsgrad (oder Verluste) η_{gen}	Turbinen-Nutzleistung P_t	Turbinen-Wirkungsgrad η_t	Ergebnisse bei H_n= ..... m: Wasserstrom Q	Turbinen-Nutz-Leistung P_t
		mm	m³/s	m	kW	kW	%	kW	%	m³/s	kW

Abb. 12 — Tabelle der Ergebnisse aller Messungen.

2.7 Mindestens für eine Versuchsreihe eine ausführliche Musterberechnung, die von den Grundlagen ausgeht und bis zum endgültigen Ergebnis reicht.

2.8 Aufzeichnungen über besondere Ereignisse bei den Prüfungen. Diese Aufzeichnungen sind für jeden Tag aufzustellen.

2.9 Diagramme für die ausgewerteten Versuchsreihen (bei GIBSON Druckzeitdiagramme, bei Salzgeschwindigkeit zeitlicher Verlauf der Intensität, bei Meßflügeln Geschwindigkeitsverlauf in der Meßebene, usw.).

2.10 Ergebnisse in Tabellenform. Ergebnisse aller Messungen einschließlich aller Zwischenwerte, der Berechnungsergebnisse für die Fallhöhe, die Wasserströme, bis zu den endgültigen korrigierten Ergebnissen, wobei die gemessenen Werte auf die spezifischen Verhältnisse von H_r und n_r für Q und P_t umgerechnet worden sind. Ferner die Messungen der elektrischen Leistung und die Ermittlung des Generatorwirkungsgrades (Abb. 12).

2.11 Feststellung der Einzelmeßfehler und der Meßfehler in den kombinierten Ergebnissen. Ungünstige Einflüsse, die bei den Versuchen wirksam waren, sind zu vermerken.

Teil 2 — Meßmethoden

ABSCHNITT VIII — MESSUNG DES WASSERSTROMES ODER DURCHFLUSSES

Die Verfahren zur Durchflußmessung können in folgende Hauptgruppen eingeteilt werden:

a) Meßverfahren, die zur Bestimmung großer Durchflußmengen geeignet sind:

Salzgeschwindigkeitsmessung (ALLEN),
Druck-Zeit-Messung (GIBSON),
Flügelmessung,
Salzverdünnungsverfahren.

b) Meßverfahren, die für kleine Durchflußmengen geeignet sind:

Alle unter *a)* angeführten Methoden, soweit es die Größenverhältnisse zulassen, sowie zusätzlich:

Überfallmessung,
Gewichts- und Volumenmessung,
Meßschirm,
Differenzdruck-Meßgeräte.

c) Wassermeßverfahren, deren Einreihung unter *a)* und *b)* noch nicht allgemein anerkannt wird, die jedoch im Einvernehmen zwischen Lieferer und Besteller in Sonderfällen angewandt werden können.

1. Salz-Geschwindigkeitsverfahren [1, 2, 3, 4]

1.1 Dieses ursprünglich von Professor C. M. ALLEN entwickelte Verfahren beruht auf der Erhöhung der elektrischen Leitfähigkeit des Wassers durch gelöste Salze sowie auf der Tatsache, daß eine Salzlösungswolke in einer geschlossenen durchströmten Leitung in sich geschlossen bleibt.

In einem stromaufwärts von zwei oder mehr Elektrodengruppen gelegenen Querschnitt der Wasserführung wird Salzlösung eingeführt. Der Durchgang der Lösungswolke an den Elektrodengruppen wird gemeinsam mit der abgelaufenen Zeit graphisch registriert.

Der Durchfluß wird durch Division des zwischen den Elektrodenebenen eingeschlossenen Leitungsvolumens durch die mittlere Laufzeit der Salzwolke zwischen den Elektroden ermittelt.

Um den Anforderungen dieses Code zu entsprechen, soll die Durchflußbestimmung nur nach der „Differentialmethode", d. h. zwischen 2 Elektrodengruppen, durchgeführt werden.

Die Bestimmung des Durchflusses mit Hilfe eines Leitungsabschnittes zwischen der Einspritzstelle und einer Elektrodengruppe kann in beiderseitigem Einvernehmen angewandt werden.

---

[1] ALLEN, C. M., u. E. A. TAYLOR: Trans. A.S.M.E. 45 (1923) Paper No. 1902, S. 285 bis 341.

[2] DODKIN, O. H.: Field Checks of the Salt Velocity Method. Trans. A.S.M.E., November 1940, S. 663 bis 676.

[3] HOOPER, LESLIE J.: Salt Velocity Measurements at Low Velocities in Pipes. Trans. A.S.M.E. 1940, S. 651 bis 661.

[4] MASON, MARTIN: Contribution à l'étude de la mesure des débits d'eau par la méthode ALLEN. Revue Générale de l'Hydraulique 5 (1939).

1.2 Die Lösung wird in einem offenen Behälter gemischt und dauernd umgerührt. Ihre Konzentration kann in Anpassung an die Erfordernisse der elektrischen Einrichtung zwischen 120 g/l und 3 g/l gewählt werden. Es ist ein Filter vorzusehen, um das Eindringen fester Teilchen in das Einspritzsystem zu verhindern (Abb. 13).

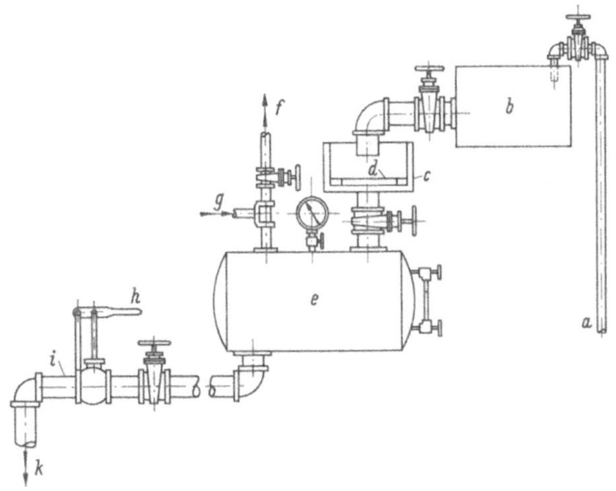

Abb. 13 — Anordnung des Salzbehälters und der Rohrleitungen für die Salz-Geschwindigkeitsmethode.

a Frischwasserzuführung; *b* Mischbehälter; *c* hölzener Behälter; *d* Rechen (Sieb); *e* Druckbehälter; *f* Abblasventil; *g* Druckluftzuführung; *h* Schnellventil; *i* kurzes Rohr; *k* zum Einspritzventil.

1.3 Die Lösung soll mit Hilfe eines Rohrleitungssystems und von Einspritzventilen in die Wasserführung eingespritzt werden, die die Salzlösung im rechten Winkel zur Hauptströmung und annähernd in einer Ebene einbringen. Die Ventile sollen unter Federvorspannung entsprechend einem Ansprechdruck von etwa 0,35 kp/cm² stehen, um eindeutiges Schließen zu erreichen und um Leckverluste zu vermeiden. Ihre Öffnung soll entsprechend Abb. 14 einstellbar sein. Der Einspritzdruck soll mindestens 2,5 kp/cm² höher als der Druck in der Wasserführung sein.

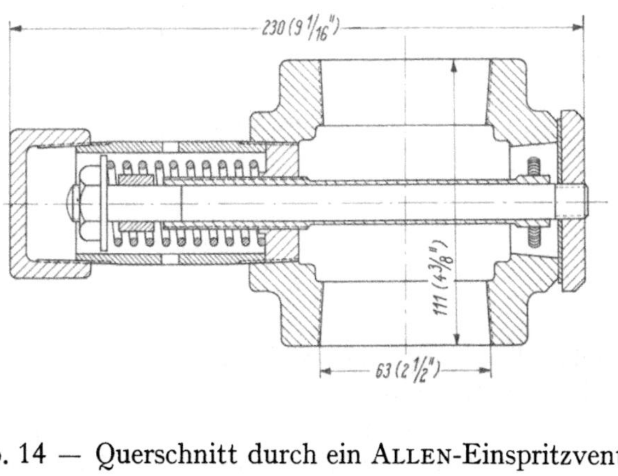

Abb. 14 — Querschnitt durch ein ALLEN-Einspritzventil.

Die Einspritzleitungen sind so kurz als möglich zu halten, Luftsäcke sind zu vermeiden.

1.4 Die Anordnung der Elektroden muß annähernd gleiche Leitfähigkeit für gleiche Querschnittsteile ergeben. Dies kann sowohl bei kreisförmigen, als auch bei rechteckigen Querschnitten dadurch erreicht werden, daß der Querschnitt in eine Anzahl gleicher Teile unterteilt und in deren Mittelpunkt je eine Elektrode angebracht wird.

Die Elektroden können sowohl parallel als auch kreisbogenförmig ausgeführt sein. Sie sollen über den gesamten Querschnitt der Wasserführung wirken. Für rechteckige Querschnitte sollen nur parallele Elektroden aus einzelnen Stäben verwendet werden. Sie sind in der Mitte eines jeden von 9 oder 11 Streifen gleicher Fläche anzuordnen (es ist eine ungerade Anzahl von Streifen vorzusehen).

Auch für kreisförmige Querschnitte können parallele Elektroden aus einzelnen Stäben verwendet werden. Sie sind ebenso im Mittelpunkt von Streifen gleicher Fläche anzuordnen (es ist eine ungerade Anzahl von Streifen vorzusehen). Für kreisförmige Querschnitte ist es möglich und vorzuziehen, Elektroden mit veränderlichem Abstand nach Abb. 15 anzuordnen, mit deren Hilfe praktisch auf 2 senkrecht zueinander stehenden Meßtraversen quer durch das Rohr gemessen wird. Dabei wird der Elektrodenabstand so variiert, daß sich innerhalb des Gesamtquerschnittes für gleichgroße Ringflächen etwa die gleiche Leitfähigkeit ergibt.

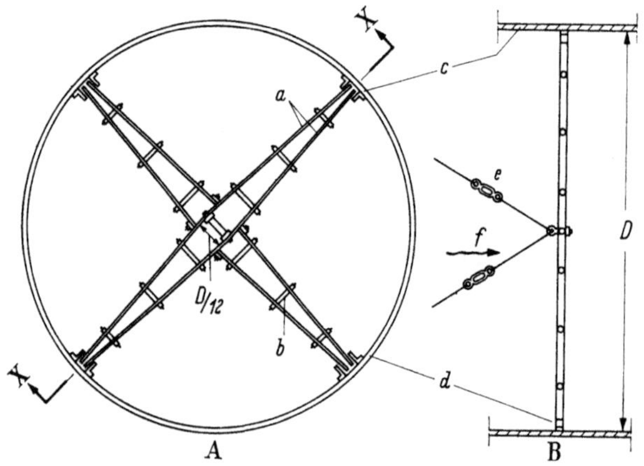

Abb. 15 — Anordnung der Elektroden.

A. *In Strömungsrichtung gesehen*

a Elektronenschienen; *b* isolierte Distanzstücke; *c* Wand der Rohrleitung; *d* isolierte Verbindung mit der Wand; *e* isolierte Spanner für die Spannseile; *f* Stromrichtung; *D* an Ort und Stelle zu kontrollierender Durchmesser. *Anmerkung*: Entfernung zwischen den Elektroden und den Wänden = $D/100$.

B. *Schnitt X—X*

In keinem Querschnitt sollen weniger als zwei Paare trapezförmig angeordneter Elektroden verwendet werden. Jedes Paar besteht aus 2 Stäben, die in der Mitte des Querschnittes um $^1/_{12}$ des Querschnittsdurchmessers voneinander entfernt sind. Der Abstand der Elektroden soll vom Mittelpunkt in Richtung zur äußeren Wand hin linear bis zu einem Minimum von $^1/_{100}$ des Querschnittsdurchmessers abnehmen. Die Elektroden sollen in einer Entfernung von der Außenwand der Leitung enden, die nicht kleiner ist, als dieser Abstand.

Die Elektroden sind kräftig und schwingungsfest auszubilden. Sie sind stromaufwärts abzuspannen, damit locker gewordene Stäbe festgehalten werden. Die einzelnen Stäbe sind untereinander und gegen die Rohrleitung sorgfältig zu isolieren. Phenol-Verbindungen haben entsprechende elektrische und auch mechanische Eigenschaften, um Vibrationen widerstehen zu können. Alle Oberflächen, die nicht als aktive Elektroden wirken sollen, wie z. B. Ränder und Stirnflächen der Elektroden, Abstützungen, Spanndrähte und — falls leitend — die Rohrleitungswand sind innerhalb 1 m ab Ende der Elektroden mit einem Isolieranstrich zu versehen.

1.5 Die elektrischen Leitungen zu den Elektroden sollen so kurz als möglich sein. Alle Kabel innerhalb der Rohrleitung sind gut zu isolieren und abzustützen, am besten in Rohren zu führen. Die Elektrodenstäbe werden wechselweise parallel mit dem Registriergerät verbunden. Als Registriergerät kann nach Abb. 16 und 17 ein Amperemeter oder Oszillograph Verwendung finden. Auf jeden Fall ist es wünschenswert, beide Seiten des elektrischen Teils gegenüber Erde zu isolieren.

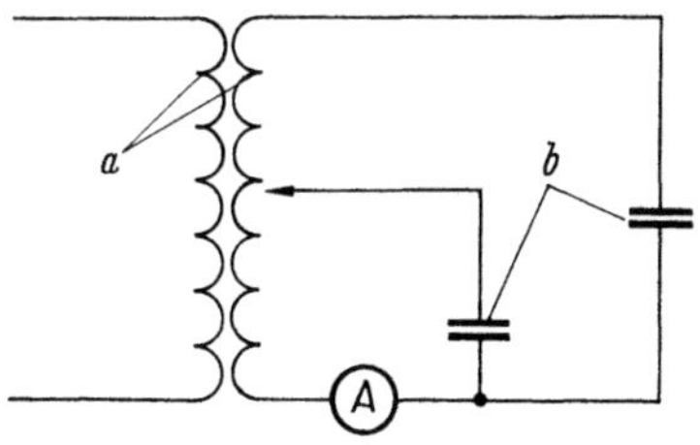

Abb. 16 — Schaltplan für ein schreibendes Amperemeter.

A Schreibgerät (Amperemeter); *a* Doppeltransformator; *b* Elektroden. *Anmerkung*: Die angezapfte zweite Spule ist nicht geerdet.

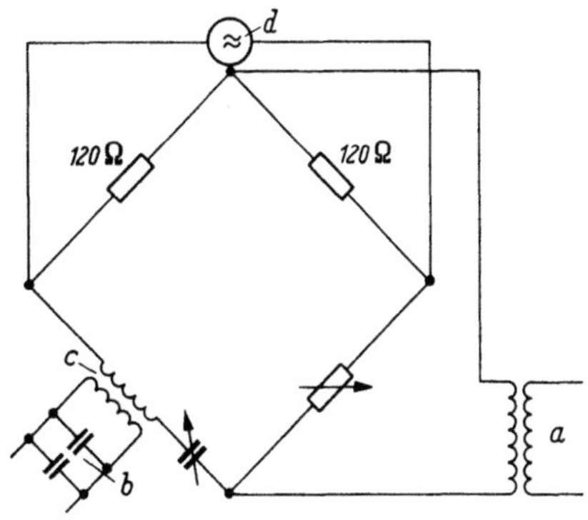

Abb. 17 — Schaltplan für einen Oszillographen.

a 2500 Hz Oszillator; *b* parallel geschaltete Elektroden; *c* Ausgleichstransformator mit 120 Ω Scheinwiderstand im Primärkreis und veränderlich mit 50, 25 und 10 Ω im Sekundärkreis; *d* Oszillograph.

Die Dauer einer ungedämpften Eigenschwingung des verwendeten Registriergerätes soll nicht mehr als $^1/_5$ der Durchlaufzeit der Lösungswolke zwischen den Elektrodenpaaren, aber keinesfalls mehr als 1,5 Sekunden betragen. Es wird die Verwendung von Oszillographen — sowohl direktschreibender als auch solcher in Verbindung mit photographischer Registrierung — empfohlen, da die Empfindlichkeit dieser Geräte die Verwendung von Salzlösungen geringer Dichte gestattet und sie außerdem eine besonders kurze Eigenschwingungszeit haben.

Auf dem Registrierstreifen sind mit Hilfe eines verläßlichen mechanischen oder elektrischen Gebers genaue Zeitmarken anzubringen. Der Geber soll während der Versuche laufend geeicht werden können.

1.6 Die lichten Querschnitte der Leitung und die Distanz zwischen den Mittellinien der Elektrodengruppen sind an der Anlage mit solcher Genauigkeit zu bestimmen, daß die Ermittlung des Volumens der Meßstrecke auf $\pm$ 0,2% möglich wird. Werkstattzeichnungen sollen lediglich zur Kontrolle der Anlagemessungen verwendet werden.

1.7 Vor dem Füllen der Rohrleitung soll die Einspritzvorrichtung gespült, eingestellt und geprüft werden, um das gleichzeitige Öffnen und rasche Schließen der Einspritzventile zu kontrollieren. Undichte Ventile sind in Ordnung zu bringen. Elektroden und Leitungen sind auf Stromdurchgang und Isolierung zu prüfen.

1.8 Nach dem Füllen der Rohrleitung sollen nach Möglichkeit die Widerstände zwischen den einzelnen Elektrodenstäben sowie zwischen diesen und Erde gemessen werden, um sich vom ähnlichen Funktionieren beider Elektrodenstationen und der Beseitigung aller Fehler überzeugen zu können. Bei einer geeigneten Durchflußmenge sind Probeeinspritzungen vorzunehmen. Diese sollen die Feststellung der geeigneten Lösungskonzentration, des Einspritzdruckes, der Dauer der Ventilöffnung (diese sollte etwa 1 Sekunde betragen), der Elektrodenspannung und der Instrumentenempfindlichkeit ermöglichen. Diese Größen sind so zu wählen, daß die Höhe der entstehenden Diagramme eine genaue Auswertung ermöglicht.

Im Interesse einwandfreier Funktion ist als untere Grenze der Fließgeschwindigkeit

$$v^2 = 0{,}2 \cdot g \cdot D \left(\frac{\gamma_b}{\gamma_w} - 1 \right)$$

zu fordern, wobei bedeuten:

v = mittlere Fließgeschwindigkeit in ms^{-1},

g = Erdbeschleunigung in m/s^2,

D = Rohrleitungsdurchmesser in m,

γ_b = spezifisches Gewicht der Salzlösung in kp/dm^3,

γ_w = spezifisches Gewicht des Wassers in kp/dm^3.

1.9 Jede Meßfahrt soll aus mindestens 5 einzelnen Salzeinspritzungen bestehen. Der Mittelwert von 5 oder mehr pro Meßfahrt ermittelten Durchlaufzeiten ist zur Durchflußermittlung zu benützen.

1.10 Um den Anforderungen dieses Code zu genügen, sind die folgenden Minimalbedingungen zu erfüllen:

1.10.1 Das ALLEN-Salzgeschwindigkeitsverfahren kann nur in turbulenter Strömung angewandt werden.

1.10.2 Die erste Elektrodengruppe soll mindestens 4 Durchmesser (oder 4mal die Maximalabmessung des Leitungsquerschnittes) von den Einspritzventilen entfernt sein. Die zweite Elektrodengruppe soll sich mindestens 4 Durchmesser (oder 4mal die Maximalabmessung des Leitungsquerschnittes), aber auch mindestens 15 m stromabwärts der ersten Elektrodengruppe befinden.

1.10.3 Die gesamte Meßstrecke, von der Einspritzstelle bis zur stromabwärtigen Elektrodengruppe, soll vorzugsweise konstanten oder abnehmenden Querschnitt aufweisen. Befinden sich innerhalb der vorgeschlagenen Meßstrecke geringfügige Krümmungen, so ist die Länge der Mittellinien dieser Krümmungen den Minimallängen nach VIII.1.10.2 zuzuschlagen, falls diese Krümmungen zur Gänze zwischen den Elektrodenstationen liegen.

1.10.4 Die Einspritzventile sollen so gleichmäßig als möglich über den Querschnitt verteilt werden, wie in Abb. 18 angegeben. Pro 2 m² Querschnittfläche an der Einspritzstelle ist mindestens 1 Einspritzventil, für Kreisquerschnitte jedoch mindestens 4 Ventile vorzusehen.

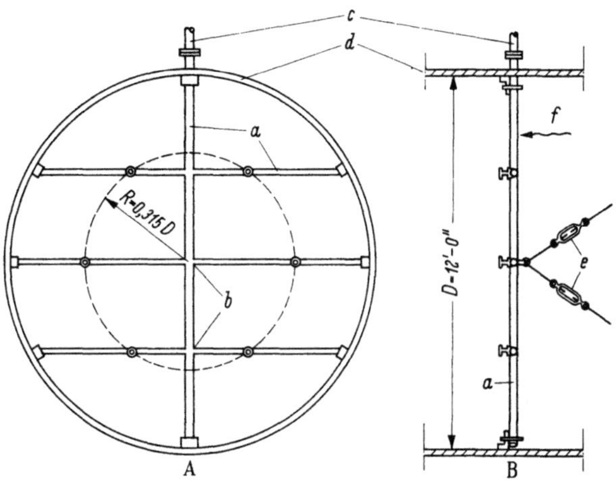

Abb. 18 — Anordnung für die Einspritzung.

A. *Stromabwärts gesehen*

a Stützkonstruktion für die Einspritzdüsen, aus Rohren hergestellt; *b* geschweißte Verbindungen; *c* Zuführungsrohre; *d* Wand der Rohrleitung; *e* Seilspanner; *f* Fließrichtung.

B. *Seitenansicht*

Die Abmessungen gelten für einen Rohrquerschnitt von 12 m². Anzahl der Eispritzventile = 6. Fläche für jedes Einblasventil = 2 m².

Die Ventile sind im Mittelpunkt annähernd gleich großer quadratischer Teilflächen des Querschnittes anzuordnen. In Kreisquerschnitten, die 4 Einspritzventile erfordern, sind diese in gleichen Abständen auf einem Kreis mit 0,63fachem Rohrleitungsdurchmesser anzubringen.

1.10.5 Bei Verwendung von schreibenden Registriergeräten soll die Durchgangszeit zwischen den Elektroden bei vollem Durchfluß nicht weniger als 9 Sekunden betragen. Werden Oszillographen verwendet, so können einvernehmlich kürzere Zeiten zugelassen werden. Keinesfalls dürfen sich die Aufzeichnungen der stromaufwärtigen und stromabwärtigen Elektroden überdecken.

1.10.6 Der Zeitgeber soll vor und während des Versuches derart geeicht werden, daß seine Anzeige mit einem Fehler von höchstens 0,05% bekannt ist.

1.10.7 Abweichungen von den angeführten Bedingungen können im allseitigen Einvernehmen zugelassen werden.

1.11 Die Durchflußmenge ist gleich dem Volumen der Meßstrecke zwischen den beiden Elektrodenstationen, dividiert durch die mittlere Laufzeit der Lösungswolke.

Die beim Durchgang der Salzlösung an den beiden Meßstellen registrierten Kurven sind in ein rechtwinkliges Strom-Zeit-Diagramm einzutragen (Abb. 19). Zur Auswertung ist lediglich der Anteil der Kurve oberhalb des stationären Wertes der Anfangsstromstärke heranzuziehen. Die Durchlaufzeit wird für jede Einspritzung mittels der Zeitmarken des Meßstreifens als Länge zwischen den Flächenschwerpunkten der registrierten Kurven in Sekunden gemessen.

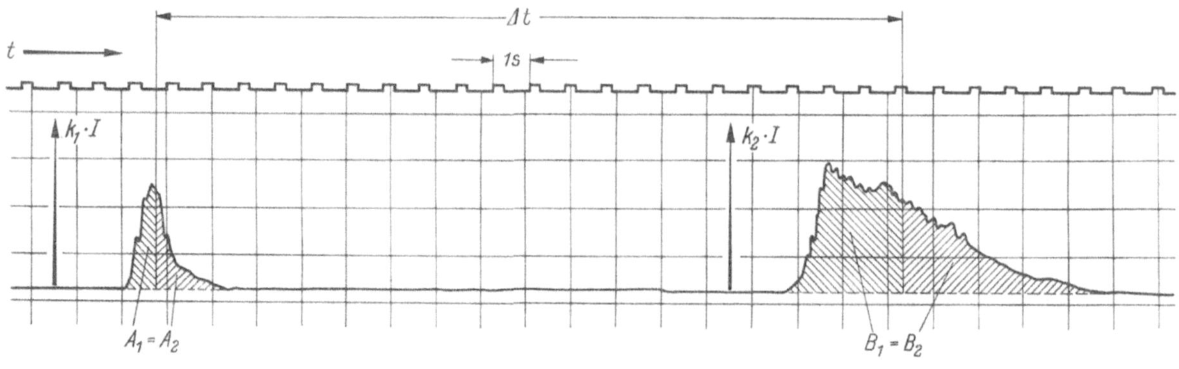

Abb. 19 — Typische Salz-Geschwindigkeitskurve.

Δt Durchgangszeit zwischen den Schwerpunkten der Flächen unter der Stromanzeige; k_1, k_2 Maßstabsfaktoren.

Werden die Kurven nicht in einheitlichen, rechtwinkligen, linearen Koordinaten geschrieben, so müssen sie vor der Ermittlung der Flächenschwerpunkte umgezeichnet werden.

2. Druck-Zeit-Meß-Methode [1, 2]

2.1 Diese von N. R. GIBSON entwickelte Methode der Durchflußmessung ist auf geschlossene Wasserführungen mit konstantem oder veränderlichem (jedoch nicht divergierendem) Querschnitt anwendbar.

2.2 Die Methode beruht auf 2 Grundprinzipien. Das erste ist die zweite NEWTONsche Bewegungsgleichung, die als Impulsgleichung bekannt ist. Das zweite ist eine Ableitung der ersten, welche die Beziehung zwischen der Druckänderung und der Geschwindigkeitsänderung einer Wassersäule mit Hilfe der während der Änderung erzeugten Druckwellen ausdrückt.

2.3 Die Methode verwendet Druck-Zeit-Diagramme eines „einfachen" Verfahrens oder eines „Differenz"-Verfahrens.

2.3.1 „Einfache" Diagramme sind solche, die die Druckänderungen zwischen einer Druckmeßebene und dem Einlauf oder der nächsten sonstigen freien Oberfläche darstellen. Sie werden zusätzlich zu den primären Druckänderungen infolge Reibung und Impulsänderung auch durch alle Spiegelschwankungen im Oberwasser, in Wasserschlössern oder von anderen freien Spiegeln beeinflußt.

2.3.2 „Differenz"-Diagramme sind solche, die die Druckänderungen zwischen zwei Druckmeßebenen anzeigen, zwischen denen keine freien Spiegel liegen, die somit nur durch die Reibung und Impulsänderung zwischen diesen beiden Punkten beeinflußt werden. Der Einfluß der Rohrleitungsreibung außerhalb der Differenz-Versuchsstrecke sowie Änderungen der Spiegelhöhe im Oberwasser oder Wasserschloß wirken sich auf beide Druckmeßebenen gleich aus und fallen dadurch aus der Messung heraus.

[1] GIBSON, NORMAN R.: Trans. A.S.M.E. 45 (1923) Paper No. 1903, S. 343 bis 376.

[2] GIBSON, NORMAN R.: Experience in the Use of the GIBSON Method of Water Measurement for Efficiency Tests of Hydraulic Turbines. Trans. A.S.M.E. 1959.

2.3.3 Entsprechend diesem Code sollen lediglich Differenz-Diagramme verwendet werden.

2.4 Für die Anwendung der Methode entsprechend dem Code werden folgende Minimalbedingungen gefordert:

a) In Rohrleitungen von kreisförmigem, konstantem Querschnitt soll die Länge zwischen den beiden Druckmeßebenen für Differenz-Diagramme nicht weniger als 9 m, jedoch auch nicht weniger als den doppelten Rohrleitungsdurchmesser betragen.

Das Produkt aus L und v_a soll nicht weniger als 18,6 betragen, wobei v_a die mittlere Geschwindigkeit in der Meßstrecke in m/s, L die für den Versuch herangezogene Rohrleitungslänge in m darstellt. v_a ist für Vollast zu errechnen.

b) In rechteckigen Wasserführungen, wie z. B. mehrteiligen Einlaufbauwerken oder Spiralenläufen, soll die Länge der Meßstrecke zwischen den zwei Druckmeßebenen für Differenz-Diagramme nicht weniger als 18 m, jedoch auch nicht weniger als die zweifache größte Abmessung des Querschnittes betragen.

Das Produkt aus L und v_a soll bei vollem Durchfluß nicht weniger als 37,2 betragen, wobei v_a die mittlere Geschwindigkeit in der Meßstrecke in m/s und L die Länge zwischen den Meßebenen in m bedeuten.

In unterteilten Einlaufbauwerken sollen für alle Einlaufteile gleichzeitig unabhängige Druck-Zeit-Diagramme aufgenommen werden.

2.5 Es wird empfohlen, die Anbringung der Meßbohrungen in jedem Querschnitt so zu wählen, daß sich die bestmöglichen Diagramme ergeben. Die Längen sollten nach Möglichkeit beträchtlich größer als die angegebenen Minimalgrenzen sein.

2.6 Die Leckverluste durch die Turbine oder anderer, zur Erzeugung des Druckanstieges verwendeter Einrichtungen, müssen in geschlossener Stellung dieser Einrichtung getrennt gemessen werden. Diese Leckverluste dürfen unter den Versuchsbedingungen nicht größer als 5% des Vollast-Turbinen-Durchflusses sein und sollen mit einer Genauigkeit von 0,2% des Vollastdurchflusses gemessen werden.

2.7 Querschnittsflächen und Länge der Rohrleitung sollen an der Anlage mit genügender Genauigkeit gemessen werden, um den Rohrleitungsfaktor F (s. VIII.2.15 und VIII.2.17) auf 0,2 Prozent genau bestimmen zu können. Konstruktionszeichnungen sollen lediglich zur Kontrolle der Anlagemessung herangezogen werden.

2.8 In jeder Druckmeßebene sollen 2 oder mehr Druckmeßbohrungen von 9 mm Minimaldurchmesser installiert werden. Sie sollen an diametral gegenüberliegenden Stellen einer zur Achse der Meßstrecke senkrechten Ebene angebracht und pro Meßebene mit einer gemeinsamen Verbindungsleitung verbunden werden. Die Verbindungsleitungen sind mit je einem Schenkel des Gibson-Apparates zu verbinden. Bei kreisförmigen Rohrleitungen sollen die Meßstellen unter 45° zur horizontalen Mittellinie des Querschnittes angeordnet sein; sie sind pro Meßebene mit einer gemeinsamen Leitung zu verbinden. In rechteckigen Querschnitten sollen die Druckmeßbohrungen an den vertikalen Wänden angebracht sein.

2.9 Alle Druckmeßbohrungen sind derart mit Ventilen zu versehen, daß sie einzeln abgelesen werden können.

Die Wandung der Wasserführung soll in der Nähe der Druckmeßbohrung auf mindestens 450 mm Länge stromaufwärts und 150 mm Länge stromabwärts glatt und parallel zur Strömung sein. Die Druckmeßbohrungen sollen mindestens 9 mm Durchmesser haben, ihre Kanten sollen frei von Grat und Unregelmäßigkeiten und vorzugsweise mit einem Radius von 1,5 mm abgerundet oder zumindest entsprechend angesenkt sein.

Die Druckmeßbohrungen müssen sich glatt in die Rohrleitungswandungen einfügen; die Bohrung selbst soll normal zur Wand stehen und bis zu einer Tiefe von mindestens 2 Durchmessern konstanten Bohrungsdurchmesser aufweisen.

2.10 Alle Meßleitungen sollen dicht sein und sind vor und nach jedem Versuch zu spülen und zu kontrollieren. Die Druckanzeigen sollen vor und nach dem Versuch durch Vergleich mit der Höhenlage des Oberwasserspiegels bei geschlossener Turbine und völliger Ruhe in der Leitung kontrolliert werden. Sollte während des Versuches irgendeine Druckmeßstelle offensichtlich falsch anzeigen, was sich aus dem Vergleich der Totalenergiehöhe mit der ursprünglich auf Grund der Oberwasserspiegellage erhaltenen und um die Rohrleitungsverluste verminderten Druckhöhe feststellen läßt, so ist der Grund dieser Störung aufzusuchen und zu beseitigen oder die Druckmeßbohrung auszuschließen.

Messungen der Fallhöhe sind in Abschn. IX beschrieben.

2.11 Um die Genauigkeit der Aufzeichnung des GIBSON-Diagrammes zu gewährleisten, sollen die Meßbedingungen (Geschwindigkeitsverteilung, Länge der geraden Strecken, Ausführung der Druckmeßbohrungen) derart gewählt werden, daß keine Druckmeßbohrung Abweichungen von mehr als 20% der Geschwindigkeitshöhe gegenüber dem Mittelwert der anderen Meßbohrungen dieses Querschnittes ergibt. Der Mittelwert der Ablesung eines beliebigen Paares gegenüberliegender Meßbohrungen soll sich vom Mittelwert beliebiger anderer Paare einer Meßebene nicht um mehr als 10% der Geschwindigkeitshöhe unterscheiden.

2.12 Die zu messende Durchflußmenge soll durch Blockieren des Leitapparates oder der Düsennadel der Turbine in der gewünschten Stellung fest eingestellt werden.

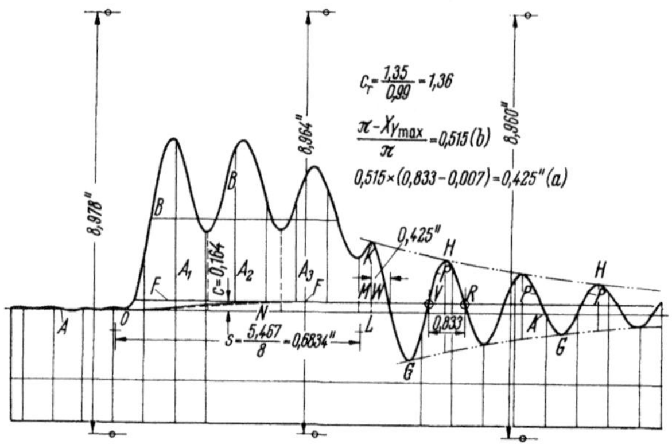

Abb. 20 — Typisches Druck-Zeit-Diagramm.

a Bestimmung des Diagrammendes; *b* bezogener horizontaler Abstand zwischen Nullwert und Scheitelwert der Druckschwankung (s. auch Abb. 22); *c* Amplitudenverhältnis.

2.13 Anschließend soll durch Schließen des Leitapparates oder der Düse in einer langsamen, kontinuierlichen Bewegung ein Druck-Zeit-Diagramm (Abb. 20) gewonnen werden. Die resultierende Druckänderung wird auf dem Streifen einer schreibenden Einrichtung, wie z. B. dem GIBSON-Apparat (Abb. 21) aufgenommen, der auf einem empfindlichen, mit konstanter Geschwindigkeit bewegten Film die Bewegung der Kuppe einer Quecksilbersäule in einem U-Rohr-Manometer fotografiert.

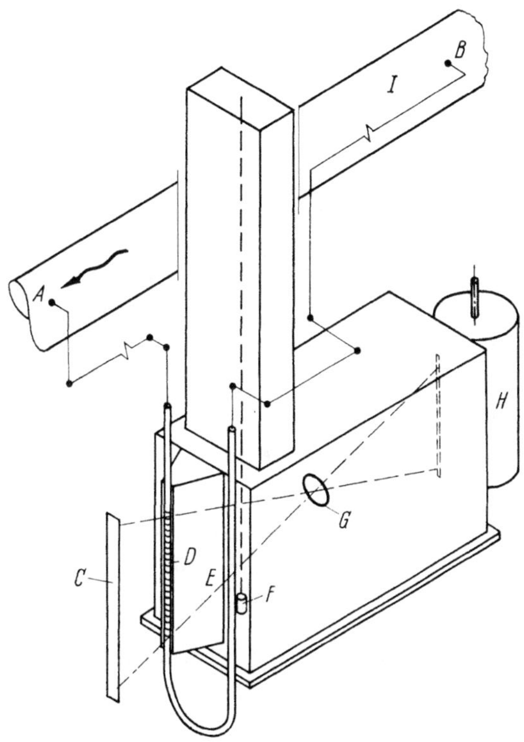

Abb. 21 — Anordnung eines GIBSON-Gerätes.

A Unterseitig gelegener Druckmeßquerschnitt; *B* Oberseitig gelegener Druckmeßquerschnitt; *C* Lichtquelle; *D* Schenkel des U-Rohr-Manometers aus Glas hergestellt; *E* Schenkel des U-Rohr-Manometers aus nichtrostendem Stahl hergestellt; *F* Sekundenuhr; *G* fotografische Linse; *H* fotografischer Film auf einer sich drehenden Trommel; *I* Rohrleitung.

Für das Auswerten des Diagramms ergibt sich folgender Vorgang:

Bei Betrieb der Turbine vor dem Schließen des Leitapparates wird eine horizontale Linie *AA* (Betriebsdrucklinie) entsprechend der Lage des Quecksilberspiegels im Glasrohr des Apparates gezogen. Ist die Quecksilberkuppe während des Betriebs unruhig, so soll die Linie *AA* als Mittel aus den Gipfeln und Tälern dieser Kurve gezogen werden.

Anschließend wird eine horizontale, „statische" Linie *F* entsprechend der Diagrammaufzeichnung für den stationären Zustand nach dem Schließen des Leitapparates eingetragen. Diese Linie entspricht üblicherweise der Mittellinie der abklingenden Druckschwingungen (*PP*). Diese Mittellinie kann man durch Halbieren der Abstände zwischen den Hüllkurven (*HH*) und (*GG*) erhalten.

Eine vertikale Linie *KM* kennzeichnet das Ende des Diagramms. Sie wird folgendermaßen bestimmt:

a) Man messe den horizontalen Abschnitt auf der statischen Linie zwischen ihrem Schnittpunkt V mit dem Anstieg der ersten Nachschwingung und ihrem Schnittpunkt *R* mit dem Abfall dieser Kurve.

b) Man ziehe die Leckwasserkorrektur von dieser Messung ab.

c) Man messe die Höhe der Gipfel zweier aufeinanderfolgender Wellen über der statischen Linie und berechne das Amplitudenverhältnis c entsprechend Abb. 20.

d) Man bestimme den Ausdruck $\frac{\pi - x_y}{\pi}$ nach Abb. 22 und multipliziere diesen mit dem unter Punkt b) erhaltenen Wert.

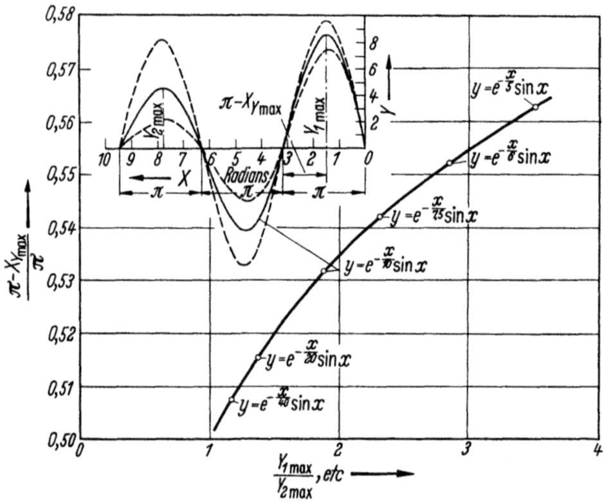

Abb. 22 — Behandlung gedämpfter harmonischer Schwingungen.

Die Kurve zeigt den bezogenen horizontalen Abstand des Scheitels vom Ende des Ausschlages der Kurve $\left(= \frac{\pi - X_{y_{max}}}{\pi}\right)$ in Abhängigkeit vom Verhältnis zweier aufeinanderfolgenden Ausschläge $\frac{Y_{1max}}{Y_{2max}}$.

Die Zahlenwerte für a), b), c) sind in Abb. 20 angegeben. Die so ermittelte Strecke wird vom Punkt W aus, wo die „statische" Linie den absteigenden Kurvenabschnitt des Diagramms nach dem Schließen schneidet, bis zu einem Punkt M aufgetragen. Man ziehe eine vertikale Linie MK. Diese kennzeichnet das Ende des Diagramms.

2.14 Zum Berechnen des Rückgewinnes der Geschwindigkeits- und Reibungsverlust-Höhen auf dem Diagramm wird dieses zunächst in mehrere Teile unterteilt. Die während des Schließvorganges vernichteten Geschwindigkeits- und Reibungshöhen können durch Iteration gefunden werden. Zu jedem Zeitpunkt während des Schließvorganges ist das Verhältnis zwischen der Nettofläche des Diagrammes von Beginn des Diagrammes an gemessen einerseits und der Gesamtfläche des Diagrammes anderseits gleich dem Verhältnis der bis zu diesem Augenblick abgebremsten Geschwindigkeit zur Anfangsgeschwindigkeit.

Das Diagramm wird in kleine Teilflächen A_1, A_2, A_3 usw. zerlegt. Anschließend wird versuchsweise eine Druckanstiegslinie ONM gezeichnet, wie in Abb. 20 gestrichelt eingetragen. Die kleinen Teilflächen oberhalb ONM werden einzeln planimetriert. Von jeder der dabei ermittelten Flächen ist die Spaltkorrektur abzuziehen.

Die Tabelle Abb. 23 soll die einzelnen, bei der Auswertung eines Diagrammes nacheinander durchzuführenden Schritte systematisch darstellen.

a) Die am Kopf des Formulars zur Kennzeichnung und einfachen Bezugnahme angegebenen Werte bedürfen keiner näheren Erklärung.

Wirkungsgradversuch nach der Gibson-Methode

Anlage.................. Gruppe Nr. ...... Datum ....
Besitzer .... Versuch Nr. ....
Apparat Nr.............. Rohr Nr. .... Säule Nr. ....$K =$ ....

Leitungsfaktor $F =$ .... Leckwassermenge $q =$ .... m^3/s $A_L = \frac{q \cdot F \cdot S}{K} = ...m^2$

Maßstäbe des Zeit-Druck-Diagrammes:

Vertikal	$1\ mm =$	....	m
Horizontal	$S =$	....	m
$h_v + h_f$	$= c =$	....	m
Breite für Spalt-Korrektur	$=$	....	mm

1	2	3	4	5	6	7	8	9
Abschnitt		Planimetrierungen				Bestimmung der Wiederanstieg-Kurve		
Nr.	Höhe für Spalt-Korrek-tur	Able-sungen	Diffe-renz	Teilfläche Spalt-Korrekt. / Wirk-fläche	Total der Kol. 5 / A	r	$(1-r)$	$(1-r)^2 \cdot c$
A_1								
A_2								
A_3								
A_4								
A_5								
A_6								
A_7						$= A_T$ $= A_L$ $= A_T + A_L$		
Gesamt-Ober-fläche					× Papier-Korrektur ______________ $= m^2 = A$			

$$Q = \frac{K \cdot A}{F \cdot S} = \text{————} = \ .... \ m^3/s$$

Leck-Wassermenge q $=$ .... m^3/s

Gesamt-Wasserstrom Q $=$ .... m^3/s

Abb. 23 — Beispiel einer Daten- und Auswertungs-Tabelle für einen Wirkungsgrad-Versuch nach der Druck-Zeit-Methode.

b) In den ersten 5 Spalten finden sich:

Spalte 1: Die Bezeichnungen für die Teilflächen A_1, A_2, A_3 usw.

Spalte 2: Die vertikale Höhe der einzelnen Teilflächen, die mit der effektiven Spaltweite zu multiplizieren ist, um die Spaltkorrektur zu erhalten.

Anmerkung: Stellt man einen Maßstab zur direkten Ablesung der Fläche der Spaltkorrektur her, so sind die Worte „Höhe für" am Kopf der Spalte zu streichen.

Spalte 3: Planimeter-Ablesungen für die einzelnen Teilflächen.

Anmerkung: Mit Hilfe eines Präzisionsplanimeters mit einer angegebenen Genauigkeit von 1 : 4000 können befriedigende Flächenmessungen durchgeführt werden. Dieses Instrument kann auf den halben Maßstab eingestellt werden. Um die nötige Genauigkeit sicherzustellen und um Ablesefehler auszuschließen, sollten jeweils mindestens 2 Messungen vorgenommen werden. Die Summe von 2 mit halbem Maßstab durchgeführten Messungen ergibt dann die Diagrammfläche im vollen Maßstab.

Spalte 4: Unterschied der Planimeter-Ablesungen.

Spalte 5: Durch Abziehen der Spaltfläche von der mittleren Fläche der einzelnen Teilflächen ergibt sich die Netto-Fläche.

c) Die Summen-Flächen in Spalte 6 ergeben sich durch das sukzessive Aufaddieren der Netto-Flächen aus Spalte 5. Nach dem Aufaddieren der letzten Teilfläche entspricht die Summe der Netto-Gesamt-Fläche des Diagrammes oberhalb der angenommenen Druckanstiegslinie. Beim ersten Versuch ist es noch nicht nötig, die Summe der Teilflächen durch Messung der Gesamtfläche zu kontrollieren, ehe der nächste Näherungsschritt getan wird. Hat man jedoch die endgültige Druckanstiegslinie festgelegt, so wird auch die endgültige totale Nettofläche des Diagrammes mit dem Planimeter gemessen.

2.15 Der Teil der Gesamtfläche des Diagrammes, der durch die Abnahme der Reibungs- und Geschwindigkeitshöhen entsteht, ist zu eliminieren. Dies geschieht unter Berücksichtigung der Tatsache, daß der Wert der verbleibenden Reibungs- und Geschwindigkeitshöhen gleich

$$c \cdot (1 - r)^2$$

ist, wobei

$$r = \frac{a}{A_T + A_L}$$

beträgt.

c = Summe der Geschwindigkeits- und Reibungshöhe aus dem Druck-Zeit-Diagramm

und

a = Nettofläche des Diagramms bis zu einer beliebigen Teilfläche x

$$a = (A_1 + A_2 + A_3 \ldots + A_x)$$

A_T = Totale Nettofläche des Diagramms für alle x-Teilflächen

$$A_T = \Sigma(A_1 + A_2 + A_3 \ldots + A_x)$$

A_L = die dem Spaltverlust entsprechende Diagrammfläche

$$A_L = \frac{q \cdot F \cdot S}{K} .$$

Dabei bedeuten:

q = Spaltverlust an der zur Erzeugung des Druckanstieges verwendeten Turbinenregeleinrichtung in m^3/s.

F = der „Rohrleitungsfaktor" der Wasserführung. Ist der Rohrquerschnitt konstant, so ist $F = L/A$.

L = Länge zwischen den beiden Druckmeßebenen, entlang der Mittellinie der Meßstrecke gemessen, in m (ft).

A = Querschnittsfläche der Wasserführung in m².

K = Eichkonstante des Registriergerätes $= g/y$.

y = Vertikale Diagrammhöhe in cm entsprechend 1 m Druckhöhenänderung in der Wasserführung. Dieser Eichfaktor ist für eine gegebene Meßeinrichtung konstant.

S = Zeitkonstante des Diagrammes. Entspricht der horizontalen Diagrammlänge in cm pro Sekunde.

Bei kleinen Werten von c, d. h. bei Gleichheit der Leitungsquerschnitte und folglich auch der Geschwindigkeitshöhen in beiden Druckmeßquerschnitten kann die Druckanstiegslinie häufig mit genügender Genauigkeit freihändig eingetragen werden. Der Vorgang der Unterteilung des Diagramms in Teilflächen kann dann entfallen oder zumindest auf eine Kontrolle für ein oder zwei Punkte beschränkt werden.

2.16 Der Durchfluß wird nach der Formel

$$Q = \frac{K \cdot A_d}{S F} + q$$

errechnet. Dabei bedeuten:

Q = Durchfluß in m³/s.

g = Erdbeschleunigung in m/s², mit Korrekturen für Breitengrad und Seehöhe des Kraftwerkes.

A_d = Endgültige Nettofläche des Diagrammes nach Festlegen der Druckanstiegslinie, Messung mit Planimeter, Korrektur für den Spaltverlust und Korrektur für Schwund oder Wachsen des Diagrammpapiers.

Die Fläche des Druck-Zeit-Diagrammes ist nur ein Maß für diejenige Wassermenge, die weggedrosselt wurde. Fließt nach dem Schließen des Turbinenleitapparates noch eine Restmenge ab, so ist diese getrennt zu messen und der Wassermenge zuzuschlagen, um den totalen Durchfluß für den Augenblick zu erhalten, in dem der Leitapparat zu schließen begonnen hatte. Die Leckmenge soll unter denselben Verhältnissen gemessen werden, wie sie sich während des Versuches ergeben hatten.

Ist die Leckwassermenge relativ klein, so macht man bei der Auswertung des Diagrammes keinen wesentlichen Fehler, wenn man sie zu Null annimmt. Sie wird dann lediglich der aus dem Diagramm ausgewerteten Wassermenge zugeschlagen.

2.17 Wenn die Wasserführung nicht konstanten Querschnitt aufweist, so entspricht F dem Integral

$$F = \int \frac{dl}{A},$$

wobei l die Länge entlang der Wasserführung in m bedeutet.

3. Flügelmessung

3.1 *Allgemeines*

Die Flügelmeßmethode bedient sich einer Anzahl einzelner Meßflügel, die in einem geschlossenen oder offenen Meßquerschnitt in geeigneter Verteilung angebracht, die Strömungsgeschwindigkeit registrieren. Ihre Anzahl und Anordnung soll so gewählt sein, daß sich für eine ausreichende Anzahl einzelner Meßpunkte Meßwerte ergeben, die eine genaue Bestimmung der mittleren Durchflußgeschwindigkeit im Meßquerschnitt während der Meßzeit ermöglichen (s. VIII.3.3.6 und VIII.3.5.1).

3.1.1 Die Flügelmeßmethode kann in Wasserkraftwerken an folgenden Meßstellen angewandt werden:

Typ a) in offenen Kanälen,
Typ b) im Einlauf von Turbinen oder Druckleitungen,
Typ c) in geschlossenen Leitungen.

3.1.2 In den entsprechenden Abschnitten dieses Code werden die einzelnen Meßstellen beschrieben und die Grenze der Anwendbarkeit aufgezeigt. Wo die Beschreibungen von Versuchseinrichtungen, Versuchsvorgängen oder Einschränkungen auf zwei oder mehrere Anordnungen des Meßquerschnittes anwendbar sind, wird dies durch Hinweis auf Punkt VIII.3.1.1 a), b) oder c) aufgezeigt.

3.2 *Vorkehrungen, die für alle Meßstellen Gültigkeit haben*

3.2.1 Flügelmessungen sollen nur durchgeführt werden, wenn während der Gesamtdauer eines Versuchspunktes stationäre Strömungsverhältnisse bestehen. Tritt während irgendeines Versuchspunktes eine Änderung des Durchflusses oder der Belastung ein, so ist er zu wiederholen (s. IV.2.2).

3.2.2 *Meßflügeltypen.* Es sollen nur Axialflügel mit elektrischer Kontakteinrichtung verwendet werden. Die konstruktive Durchbildung der Lagerung ist von besonderer Bedeutung. Der Flügel soll so konstruiert sein, daß Temperaturänderungen und kleinere Verunreinigungen des Wassers seine Funktion nicht wesentlich beeinflussen.

Im allgemeinen sollen die Meßflügel einen Durchmesser von nicht weniger als 100 mm aufweisen. Für Messungen in Druckrohrleitungen von weniger als 2 m Durchmesser können Meßflügel mit 50 bis 80 mm Durchmesser in der Randzone verwendet werden.

Die Meßflügel können mit Rücklaufkontakten ausgerüstet sein, die allfällige Rückströmungen erkennen lassen (s. VIII.3.2.8).

3.2.3 *Befestigung der Meßflügel.* Die Meßflügel sollen so befestigt sein, daß ihre Achse genau parallel zur Kanal- oder Rohrachse verläuft. Die Befestigung an der Flügelstange soll nach Abb. 24 so erfolgen, daß Verdrehungen der Flügel vermieden und Schwingungen möglichst klein gehalten werden.

3.2.4 *Gestaffelte Anordnung.* Soweit die örtlichen Bedingungen den Gebrauch von Flügeln in der in Punkt VIII.3.2.3 angegebenen Weise nicht gestatten, können sie entsprechend Abb. 25 gestaffelt angeordnet werden. Die Achse der Meßflügel soll jedoch parallel zur Achse der Wasserführung liegen.

Eine gestaffelte Anordnung kann nur verwendet werden, wenn vor und nach der Meßebene eine genügend lange Strecke mit einheitlichem Querschnitt vorhanden ist, so daß die Geschwindigkeitsverteilung in Ein- und Austritt der Meßstrecke dieselbe ist. Der Staffelungswinkel soll 30° nicht überschreiten.

3.2.5 *Eichung und Kontrolle der Meßflügel.* Die Meßflügel sollen mit derselben Befestigung und Haltevorrichtung geeicht werden, die während der Messungen verwendet werden. Nach Möglichkeit soll die Eichung auch bei Schräganströmung bis zu 10° vorgenommen werden. Zur raschen Kontrolle allfälliger, nach der Eichung aufgetretener Deformationen der Meßflügel verwendet man Gipsabgüsse oder Metallehren. Die Lehre soll dem Meßflügel im Zustand der Eichung entsprechen und mit dem Tag der Eichung gekennzeichnet sein. Reibung und Zustand der Flügellager sollen vor und nach der Messung kontrolliert werden.

3.2.6 *Einfluß von Schräganströmung.* Meßflügel können bei Schräganströmung unter der Voraussetzung verwendet werden, daß:

a) die Flügel für die genaue Messung der axialen Geschwindigkeitskomponente entwickelt sind und diese Eigenschaft durch geeignete Eichungen nachgewiesen ist;

b) die maximale Abweichung der Strömungsrichtung von der Flügelachse nicht mehr als 10° beträgt (Abb. 26).

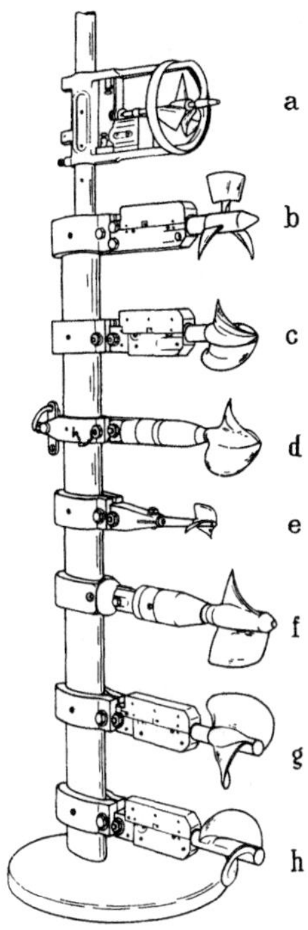

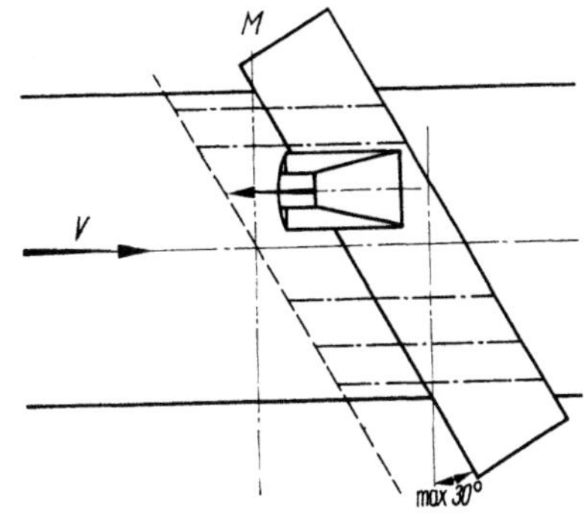

Abb. 25 — Gestaffelter Aufbau von Meßflügeln.

Dieser Aufbau kann dort angewendet werden, wo der Meßquerschnitt nicht senkrecht zu der allgemeinen Strömungsrichtung oder zu der Achse des Kanals oder der Rohrleitung ist.

Abb. 24 — Meßflügel für axiale und schräge Anströmrichtung.

a) Stoppani-Flügel mit Schutzring, Flügeldurchmesser 90 mm, Schutzringdurchmesser 120 mm;
b) Ott-Flügel mit 3 Schaufeln.
(*N.B.* Beide Typen sind nur geeignet für reines Wasser, da sie leicht durch Gras, Blätter und Algen gestört werden. Type a) wird mit Vorteil bei schlecht bestimmbaren Querschnitten verwendet.)

c) Ott-Flügel mit 100 mm Durchmesser;
d) Dumas/Neyrpic-Flügel mit 100 mm Durchmesser;

e) Ott-Flügel mit 50 mm Durchmesser;
f) Amsler-Flügel mit 130 mm Durchmesser.
(*N.B.* Alle Flügelformen a) bis f) sind nur für axiale oder schräge Anströmung bis zu einem Winkel von $\pm$ 10° geeignet.)

g) Ott-Flügel, Typ F, mit 125 mm Durchmesser, für Schräganströmung bis zu $\pm$ 20°;
h) Ott-Flügel, Typ A, mit 100 mm Durchmesser, für Schräganströmung bis zu $\pm$ 45°.

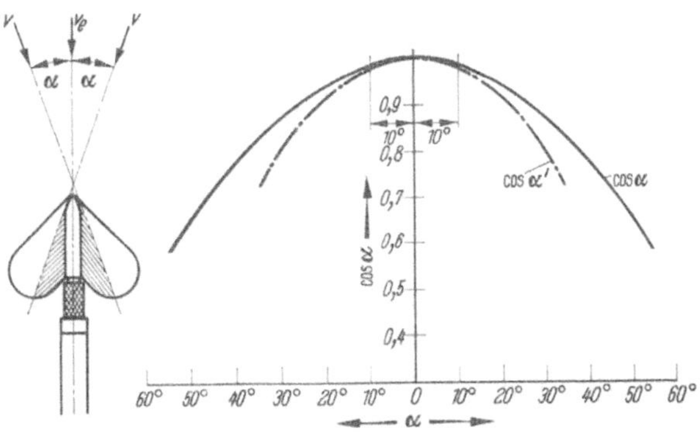

Abb. 26 — Vergleich der Eichkurve mit dem Kosinusgesetz für Schräganströmung.

v Strömungsgeschwindigkeit beim Winkel α; v_e Geschwindigkeitskomponente der Strömungsgeschwindigkeit v, senkrecht zum Meßquerschnitt, d. h. parallel zur Achse des Flügels. Das kann so ausgedrückt werden: $\cos\alpha = \frac{v_e}{v}$.

In Wirklichkeit ergibt der Meßflügel die Geschwindigkeit v_e': $\cos\alpha' = \frac{v_e'}{v}$.

Anmerkung: Die üblichen Meßflügel messen bei Schräganströmung von weniger als 10° mit einer Genauigkeit von 1% oder besser in bezug auf das Cosinus-Gesetz. Es sind auch sogenannte Komponentenflügel verfügbar, die auch bei Schrägströmungen über 10° Abweichungen von weniger als 1% gegenüber dem Cosinus-Gesetz zeigen. Werden solche Flügel verwendet, so sind sie derart anzuordnen, daß eine Beeinflussung ihrer Genauigkeit durch den Meßrahmen oder andere Befestigungselemente vermieden wird.

3.2.7 *Geschwindigkeitsgrenzen.* Der Gebrauch von Meßflügeln wird bei hohen Geschwindigkeiten lediglich durch die Möglichkeit begrenzt, eine Flügelbefestigung in Übereinstimmung mit Punkt VIII.3.2.3 herzustellen. In keinem Fall soll die Eichkurve extrapoliert werden. Die mittlere Geschwindigkeit Q/A sollte im Meßquerschnitt mindestens 0,4 m/s betragen.

3.2.8 *Geschwindigkeitsverteilung.* Jede Anstrengung sollte unternommen werden, um ein möglichst gleichmäßiges Geschwindigkeitsprofil sicherzustellen. Das Geschwindigkeitsprofil im Meßquerschnitt muß vor dem Hauptversuch untersucht werden.

Wenn sich die Geschwindigkeitsverteilung in offenen Kanälen oder Einlaufbauwerken als sehr unregelmäßig erweist, soll sie durch Anbringen geeigneter Führungswände, Tauchdecken, Rechen und Schwimmbretter verbessert werden, bis die gewünschte Strömungsform erreicht wird (s. Abb. 27 und 28). Tritt in irgendwelchen Querschnitten stationäres oder instationäres Rückströmen auf, so sollen — auch bei Verwendung von Flügeln mit Rücklaufkontakten — keine Messungen durchgeführt werden.

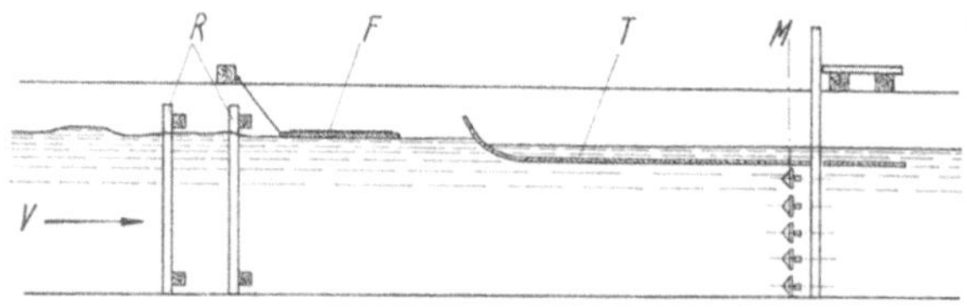

Abb. 27 — Mittel zur Strömungsberuhigung.

R Rechen; *F* Schwimmbretter; *T* Eingetauchte Abdeckungen; *M* Meßquerschnitt.

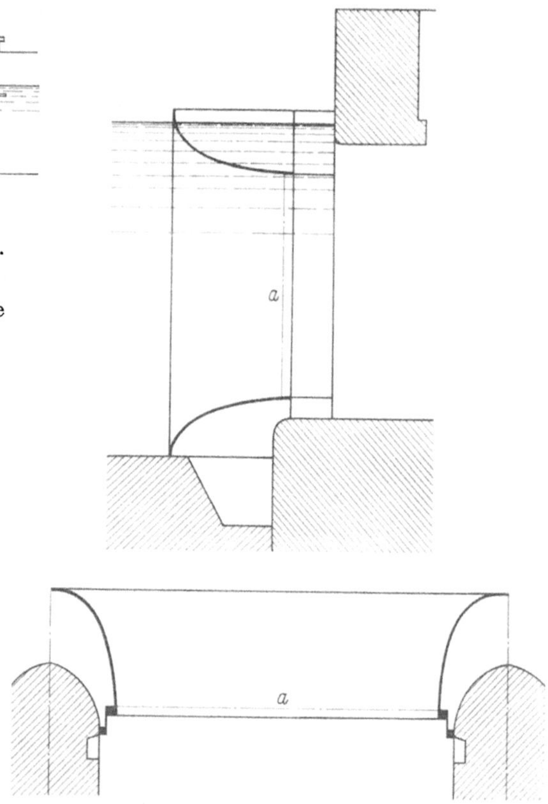

Abb. 28 — Einbau von Düsen oder Trichtern im Einlauf einer Turbine mit niedriger Fallhöhe.

a Meßquerschnitt.

3.2.9 *Pulsationen.* Um Geschwindigkeitspulsationen erkennen zu können, sollen Meßflügel verwendet werden, die mindestens alle 20 Umdrehungen, vorzugsweise jedoch alle 10 Umdrehungen einen Kontakt geben.

3.2.10 *Anzahl der Meßflügel.* Die Zahl und Anordnung der Meßflügel hängt von der Art des Meßquerschnittes und der Wasserführung ab. Unter Punkt VIII.3.3.6 und VIII.3.5.1 ist die nötige Anzahl der Flügel für verschiedene Typen von Meßquerschnitten angegeben.

3.2.11 *Messung der Zeit und der Flügeldrehzahl.* Die Zeitmessung soll eine Genauigkeit von mindestens 0,05 Prozent aufweisen. Werden mehrere Meßflügel gleichzeitig verwendet, so können die Signale durch elektrische Chronographen oder durch Zähler registriert werden.

Die Flügeldrehzahl pro Zeiteinheit soll mit einer Genauigkeit von $\pm$ 0,1% bestimmt werden, gleichgültig, welche Methode dazu herangezogen wird.

3.2.12 *Meßvorgang.* Jede Messung soll die ganze Fläche des Meßquerschnittes erfassen. Die Ermittlung der mittleren Wassergeschwindigkeit bzw. des Durchflusses aus nur einer, an einer einzelnen Stelle des Meßquerschnittes ermittelten Geschwindigkeit ist nicht zulässig. Besteht die Wasserführung aus mehreren Teilquerschnitten, so muß der Durchfluß für jeden Teil einzeln bestimmt werden.

3.2.13 *Dauer der Messungen.* Die Meßzeit für jede Lage der Meßflügel soll zumindest 2 Minuten betragen.

Sollte sich die Wassergeschwindigkeit periodisch ändern, so ist die Meßdauer derart zu erhöhen, daß zumindest 2 Perioden der Pulsation für die Auswertung zur Verfügung stehen. Wird eine Gruppe fest eingebauter Meßflügel verwendet, so soll die Meßzeit mindestens 5 Minuten betragen, um auch genügend Zeit für die Ablesung der übrigen Messungen zur Verfügung zu haben.

3.3 *Flügelmessungen in offenen Kanälen. Typ a)*

Die Auswahl des Meßquerschnittes für die Flügelmessung soll mit besonderer Sorgfalt erfolgen, um die größtmögliche Genauigkeit zu erreichen. Folgende Punkte sollten beachtet werden:

3.3.1 Kleinstabmessungen für rechteckige oder trapezförmige Meßquerschnitte:

Minimale Kanalbreite B = 0,8 m oder 8-facher Flügeldurchmesser.

Minimale Wassertiefe T = 0,8 m oder 8-facher Flügeldurchmesser.

3.3.2 Die Seitenwände des Kanals sollen gerade und parallel sein. Vor dem Meßquerschnitt soll der Boden auf eine Länge von mindestens 2 m möglichst genau horizontal verlaufen. Sowohl die Zulaufstrecke als auch die Abströmung sollen frei von Hindernissen sein, die zur Störung der Strömung führen könnten.

3.3.3 Der Meßquerschnitt soll senkrecht zur Strömungsrichtung liegen. Die Flügelachsen sind parallel zur Strömung anzuordnen. Wenn die örtlichen Verhältnisse eine solche Anordnung nicht erlauben, so kann eine Staffelung der Flügel angewandt werden (VIII.3.2.4).

3.3.4 Zwischen dem Meßquerschnitt und dem Turbinen-Ein- bzw. -Austritt dürfen keinerlei Leckstellen oder Wasser-Ab- und -Zuleitungen vorhanden sein.

3.3.5 *Einrichtungen zur Verbesserung der Strömungsverhältnisse.* Hilfsmittel zur Beruhigung der Strömung, wie z. B. Tauchdecken, Rechen oder Beruhigungsflöße sollten mindestens 3 m stromaufwärts des Meßquerschnittes angeordnet sein. Sie können nicht nur zur Verbesserung der Geschwindigkeitsverteilung, sondern auch zur Verbesserung der Verhältnisse für die genaue Messung der Wassertiefe herangezogen werden.

3.3.6 *Anzahl der Meßpunkte.* Die Anzahl „z" der Meßpunkte in einem gegebenen Querschnitt A kann für offene Rechteck- oder Trapezkanäle nach der Formel

$$24 \cdot \sqrt[3]{A} < z < 36 \cdot \sqrt[3]{A}$$

errechnet werden, wobei A die Fläche des Meßquerschnittes in m² ist.

3.3.7 *Verteilung der Meßpunkte.* Die Meßpunkte sollen in Zonen, wo größere Geschwindigkeitsgradienten auftreten, dichter angeordnet werden. Dies gilt in der Nähe der Wände und des Bodens sowie der Wasseroberfläche.

3.3.8 *Abstand von den Wänden und dem freien Wasserspiegel.* Der Abstand der Achse der nächstgelegenen Flügel von Wand oder Grund des Kanals soll innerhalb folgender Grenzen gehalten werden:

Minimum: 0,75 × Flügeldurchmesser,
Maximum: 0,2 m

Der höchstgelegene Meßflügel muß vollkommen eintauchen und so nahe als möglich an der Oberfläche angebracht werden. Dabei ist eine Tiefe einzuhalten, die eine Beeinflussung des Flügels durch den freien Spiegel ausschließt.

3.3.9 *Beharrungszustand der Strömung.* Der Wasserspiegel im Meßquerschnitt wird zur Bestimmung der Wassertiefe herangezogen. Er soll daher während der Meßzeit laufend kontrolliert werden. Die Schwankungen der Wassertiefe während der Messungen sollen ± 1% der mittleren Tiefe nicht überschreiten.

Die Wassertiefe kann mit Hilfe eines Stechpegels kontrolliert werden (Abb. 29), ebenso auch durch Anheben der Meßflügelstange und Einrichten der Achse des höchsten Meßflügels auf die Wasseroberfläche Abb. 30. Änderungen der mittleren Strömungsgeschwindigkeit sollten während des Versuchspunktes mittels eines oder mehrerer zu diesem Zweck fest eingebauter Meßflügel kontrolliert werden.

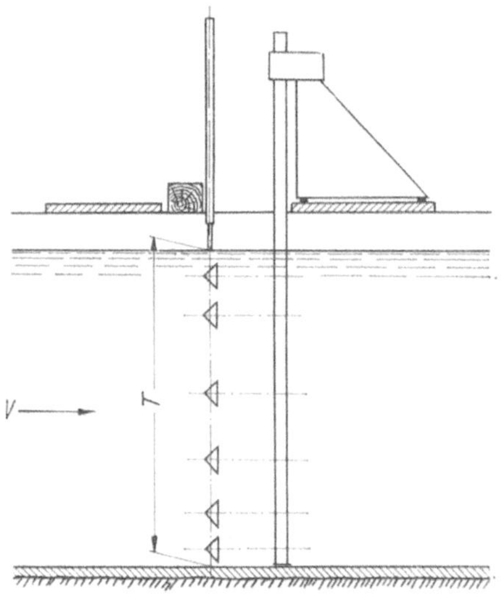

Abb. 29 — Messung der Wassertiefe mit einem Stechpegel.

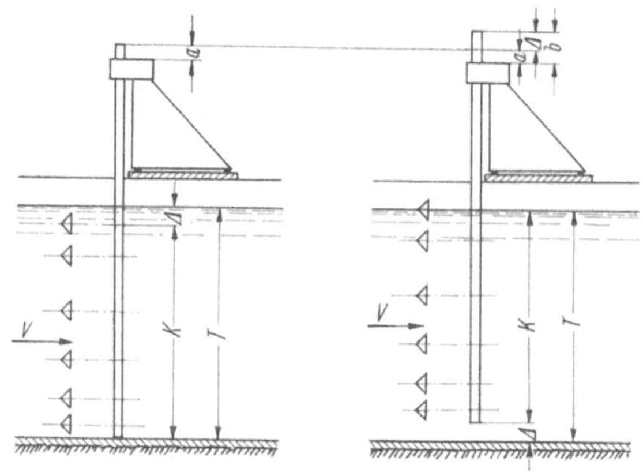

Abb. 30 — Messung des Wasserspiegels mit Hilfe einer Meßstange.

3.4 *Einlaufbauwerke von Turbinen oder Druckleitungen. Typ b)*

Bei Niederdruckanlagen kann der Meßquerschnitt auch im Turbineneinlauf angeordnet werden. In solchen Fällen ist es notwendig, mit Hilfe temporärer Führungswände und von Tauchwänden eine gerade und parallele Strömung über den gesamten Meßquerschnitt sicherzustellen (Abb. 27 und 28).

3.4.1 *Konvergierende, schräge Wasserführungen.* Messungen in beschleunigter Strömung über einen schrägen Meßquerschnitt sollten nach Möglichkeit vermieden werden, weil die möglichen systematischen Fehler schwer zu korrigieren sind. Auf jeden Fall sollten für derartige Messungen nur Komponentenflügel verwendet werden, wie sie unter Punkt VIII.3.2.6 beschrieben sind.

3.4.2 *Einlaufdüsen.* Der Vorteil der Verwendung einer Einlaufdüse (Abb. 28) besteht darin, daß:

- die zu messenden Geschwindigkeiten erhöht werden;
- die Geschwindigkeitsverteilung verbessert wird;
- die Messung der Wassertiefe vermieden wird, da sich eine konstante Fläche des Meßquerschnittes ergibt.

3.4.3 Die unter den folgenden Punkten aufgezählten Vorkehrungen gelten auch für Messungen im Einlauf (Typ b):

VIII.3.3.1 VIII.3.3.8
VIII.3.3.6 VIII.3.3.9
VIII.3.3.7

3.4.4 Bei der Durchmessung großer Meßquerschnitte in Einlaufbauwerken ist die gleichzeitige Messung mit mehreren Flügeln von Vorteil. Die Dauer der Versuche kann dadurch wesentlich reduziert werden. Je nach den örtlichen Verhältnissen können auf diese Weise gleichzeitige Aufzeichnungen für komplette horizontale oder vertikale Flügelketten vorgenommen werden (Abb. 31).

Abb. 31 — Tragrahmen für Meßflügel zur Wassermessung bei einer großen Turbine mit niedriger Fallhöhe (nach BITTERLI).

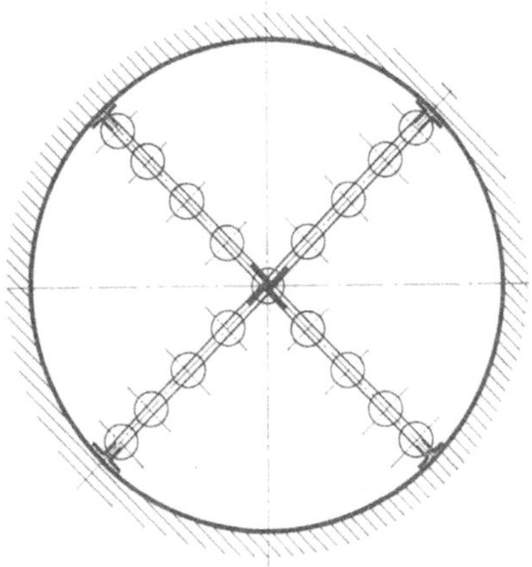

Abb. 32 — Anordnung der Meßflügel in einer geschlossenen Rohrleitung.

3.5 *Geschlossene, kreisförmige Wasserführungen. Typ c).*

Flügelmessungen in Druckrohrleitungen oder geschlossenen Wasserführungen erfordern einen inneren Durchmesser von mindestens 1,2 m. Wird eine Messung mittels eines festen Meßkreuzes mit einer größeren Anzahl von Meßflügeln vorgenommen, so soll der Durchmesser des Rohres mindestens 1,4 m oder den 14-fachen Flügeldurchmesser betragen.

Bei großen Rohrleitungen sind die in Punkt VIII.3.5.2 angegebenen Vorkehrungen besonders zu berücksichtigen.

3.5.1 Wird in einer Druckrohrleitung mit festem Meßkreuz (mit 4 Armen, nach Abb. 32, mit Flügeln von etwa 100 mm) gemessen, so errechnet sich die Zahl Z der Meßflügel pro Arm aus

$$4 \cdot \sqrt{R} < Z < 5 \cdot \sqrt{R},$$

wobei R den inneren Radius der Druckleitung in m bedeutet.

3.5.2 Unabhängig von der Form des Meßquerschnittes und des Meßkreuzes sind stets mindestens 13 Meßpunkte vorzusehen. Ein Meßflügel soll in der Mitte angebracht sein.

Abb. 33 zeigt ein Beispiel der Anordnung der Meßstellen in einem kreisförmigen Querschnitt mit Tabelle und Darstellung der einzelnen Meßpunkte. Die Verteilung der Flügel an den Armen des Meßkreuzes ist derart gewählt, daß allen Meßpunkten nach Möglichkeit dasselbe Gewicht zukommt.

$z =$ $4Z+1$	D mm	x	r_1	A						
				r_2	r_3	r_4	r_5	r_6	r_7	r_8
13	1 200–2 400	0,75 D_F	$D/2-x$	0,816	0,577					
17	2 200–3 200	0,75 D_F	$D/2-x$	0,866	0,707	0,500				
21	2 900–4 500	0,75 D_F	$D/2-x$	0,894	0,775	0,632	0,447			
25	3 800–5 500	0,75 D_F	$D/2-x$	0,912	0,816	0,707	0,577	0,408		
29	5 000–7 000	0,75 D_F	$D/2-x$	0,926	0,845	0,756	0,655	0,535	0,378	
33	6 300–8 500	0,75 D_F	$D/2-x$	0,936	0,866	0,791	0,707	0,613	0,500	0,354

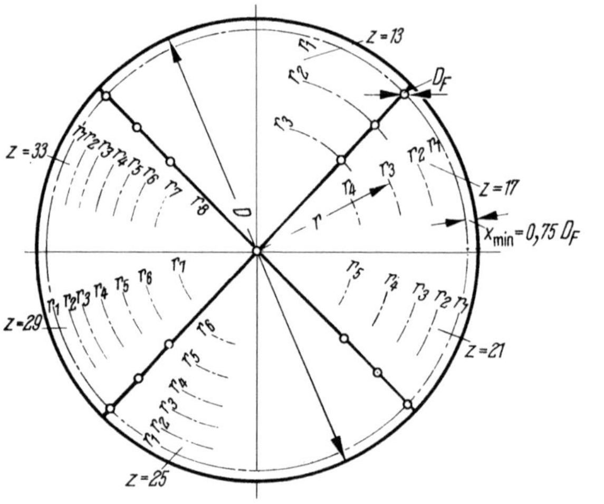

Abb. 33 — Tabelle und Diagramm für die Auswahl der Anzahl der Meßflügel in einer Rohrleitung mit Kreisquerschnitt und Vorschläge für die Anordnung der eingebauten Flügel.

z Anzahl der Flügel, einschließlich des Flügels in der Mitte; D Rohrinnendurchmesser; D_F Flügeldurchmesser; x Abstand der Achsen des Flügels von der Wand; r radiale Entfernung der Flügelachse von Rohrmitte.

3.5.3 Der Meßquerschnitt soll in einem geraden Stück der Rohrleitung, mindestens 20 Rohrdurchmesser stromabwärts und mindestens 5 Rohrdurchmesser stromaufwärts der nächsten Krümmung liegen. Abweichungen von dieser Regel sind nur dann zulässig, wenn die Strömungsverhältnisse an der vorgeschlagenen Meßstelle vorher geprüft wurden. Messungen in Druckrohrleitungen werden normalerweise auf mindestens 2 zueinander senkrechten Durchmessern durchgeführt.

Als mittlerer Durchmesser der Rohrleitung soll das arithmetische Mittel aus 6 gemessenen Durchmessern gewählt werden. Strömungsmessungen auf 2 zueinander senkrecht stehenden Durchmessern werden als befriedigend angesehen, wenn sich die für die beiden Durchmesser errechneten Durchflußmengen voneinander um weniger als 2% ihres Mittelwertes unterscheiden.

Wenn die oben angeführten Abstände von Krümmungen nicht eingehalten werden können, so müssen Käufer und Lieferer einvernehmlich eine größere Meßungeauigkeit für die Durchflußbestimmung festlegen, oder nach Möglichkeit Messungen auf mehr als zwei Durchmessern durchführen.

Sind die Voraussetzungen nach Punkt VIII.3.2.3 erfüllt, so kann die Messung wie folgt ausgeführt werden:

mit mehreren fest in der Druckrohrleitung montierten Flügeln (Abb. 32),
mit einem einzelnen Meßflügel und beweglicher Stange (Methode DUFOUR, Abb. 34),
mit einem oder mehreren entlang einer festen Stange gleitenden Flügeln.

Gestatten die örtlichen Verhältnisse den Gebrauch einer der oben erwähnten Methoden nicht, so kann in beiderseitigem Einvernehmen auch ein Meßflügel verwendet werden, der an einer sowohl axial verschiebbaren, als auch von einer Seite zur anderen über den ganzen Meßquerschnitt durchschwenkbaren Stange befestigt ist. Dadurch kann angenähert auf zwei Durchmesser gemessen werden.

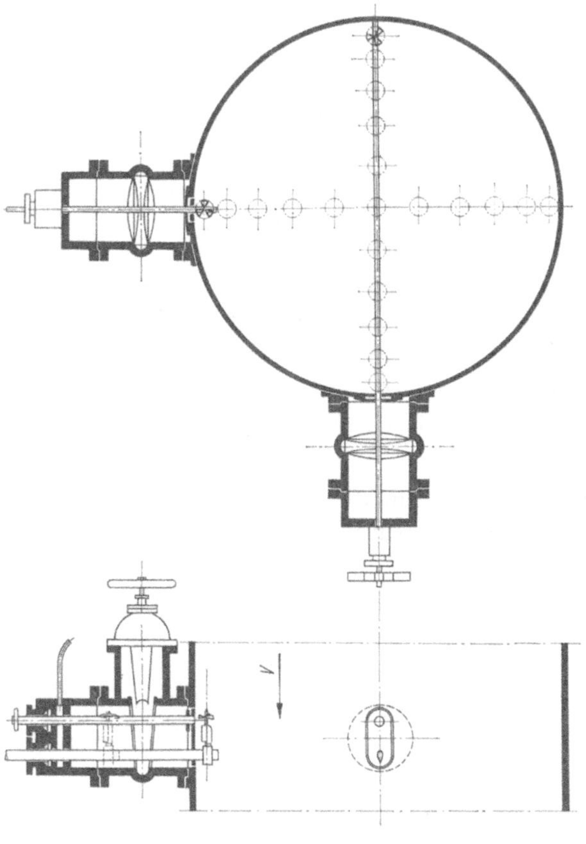

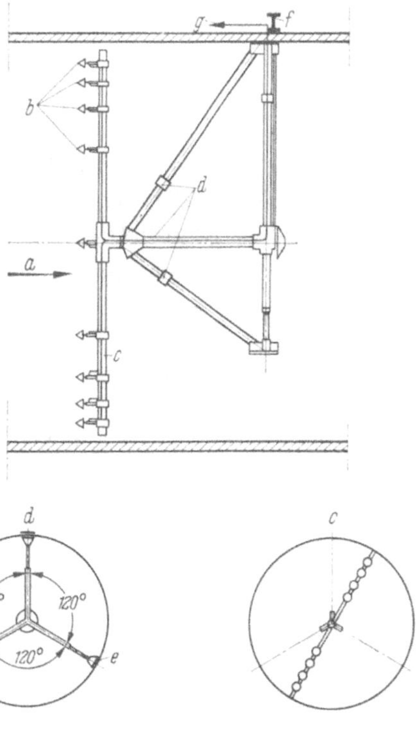

Abb. 34 Abb. 35

Abb. 34 — Schiene durch die Rohrleitung für die Messung mit nur einem Flügel auf zwei zueinander senkrechten Durchmessern (nach DUFOUR).

Abb. 35 — Meßanordnung in einer Rohrleitung mit Flügeln, die auf einem rotierenden Arm angebracht sind.

a Strömungsrichtung; *b* Meßflügel; *c* rotierender Arm; *d* dreibeinige Lagerung; *e* Befestigung des Dreibeines an der Wand; *f* Getriebe für den Antrieb des drehenden Armes; *g* zum Schreibgerät.

Eine andere Anordnung verwendet eine rotierende Einrichtung mit auf den Armen befestigten Meßflügeln (Abb. 35).

3.6 *Auswertung der Ergebnisse*

3.6.1 *Errechnung der mittleren Geschwindigkeit.* Die Auswertung der Flügelmeßwerte soll graphisch erfolgen. Die gemessenen Geschwindigkeiten werden über dem Meßquerschnitt aufgetragen; anschließend wird mit dem Planimeter der Durchfluß als Produkt von Geschwindigkeit und Fläche bestimmt. Die Ergebnisse sollten arithmetisch kontrolliert werden. Vorgedrucktes Papier soll im Hinblick auf die Ungenauigkeit und Unregelmäßigkeit des Drucks nicht verwendet werden. Der Papierverzug ist zu beachten.

Das verwendete Planimeter soll vor, während und nach der Auswertung kontrolliert werden. Vorzugsweise sind Linearplanimeter zu verwenden, die mit Rollen auf Schienen laufen. Der Maßstab soll so gewählt werden, daß die Genauigkeit der graphischen Integration mindestens gleich oder besser ist, als die der Bestimmung von Zeit, Länge, Tiefe und Geschwindigkeit. Die praktische Erfahrung hat gezeigt, daß annähernd quadratische Diagramme von etwa 150 bis 200 mm Seitenlänge besonders zweckmäßig sind.

3.6.2 *Randzone*

a) Offene Kanäle oder Turbineneinläufe. Für turbulente Strömung — dies wird meist der Fall sein — kann die Extrapolation des Geschwindigkeitsprofils vom letzten Meßpunkt zur Wand des Meßquerschnittes hin mit Hilfe der Formel

$$v_x = v_1 \left(\frac{a_x}{a}\right)^{1/n}$$

durchgeführt werden. Dabei bedeuten v_x und v_1 die Geschwindigkeiten in der Extrapolationszone (im beliebigen Abstand a_x von der Wand) und bei dem der Wand nächstliegenden Meßpunkt (im Abstand a). Der Exponent n hat den Wert $n = 7$ (n kann jedoch zwischen 5 und 10 variieren).

Zeigen mit Hilfe von Pitot-Rohren oder anderen Einrichtungen von Punkt zu Punkt gemessene Geschwindigkeitsverteilungen beträchtliche Abweichungen von dem 1/7-Gesetz, so ist der entsprechende Exponent zu verwenden.

Die anschließende Auswertung kann durch graphische Methoden nach Abb. 36 oder durch Integration vereinfacht werden. Aus der Integration ergibt sich die mittlere Geschwindigkeit in der Randzone nach der Gleichung

$$(v_x)_m = \left(\frac{n}{n+1}\right) \cdot v_1 .$$

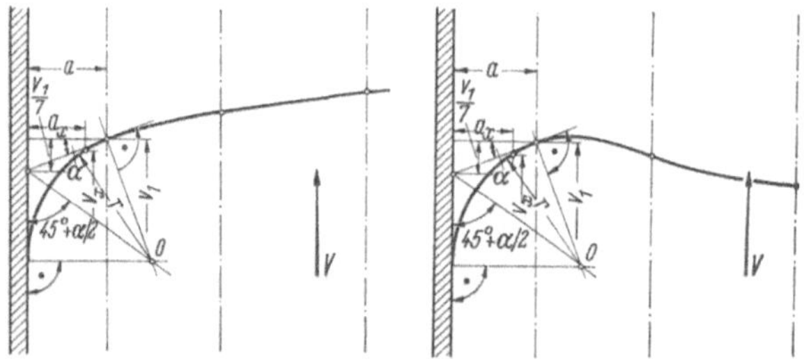

Abb. 36 — Graphische Methoden zur Bestimmung der Geschwindigkeit am äußeren Rand des Meßquerschnittes.

b) Messungen in Rohrleitungen und geschlossenen Wasserführungen. Die Geschwindigkeitsverteilung in Rohrleitungen wird wie in Abschn. VIII.3.6.1 bestimmt.

3.6.3 *Reihenfolge der Integration für geschlossene oder offene Trapezquerschnitte.* Die erste Integration soll für diejenige vertikale oder horizontale Flügelkette durchgeführt werden, entlang der die Geschwindigkeit gemessen wurde. Beispielsweise wird entsprechend Abb. 37 bei Messung vertikaler Ketten der Durchfluß nach der Formel

$$Q = \int_0^b \cdot db \int_0^t \cdot v dt$$

bestimmt, wobei b die maximale Breite des Meßquerschnittes und t die Wassertiefe bedeutet.

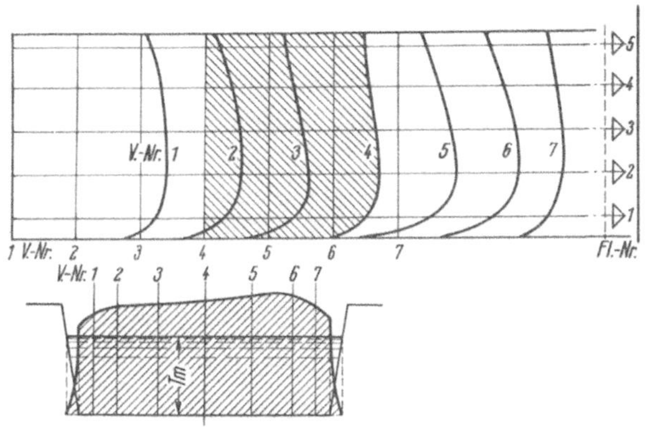

Abb. 37

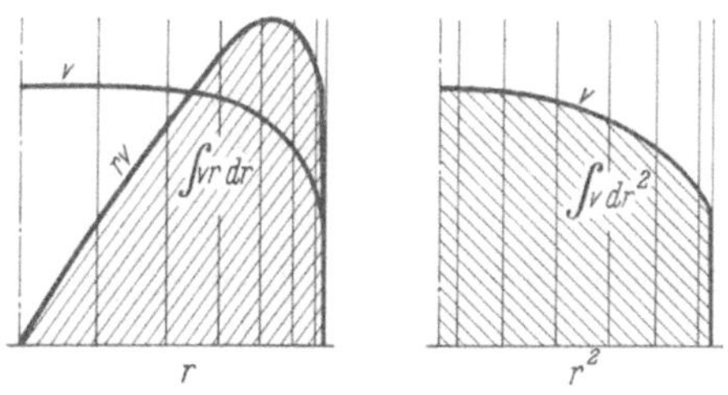

Abb. 38

Abb. 37 — Beispiel für die Geschwindigkeitsmessung in einem schwach trapezförmigen Kanal. Aufeinanderfolgende graphische Integration.

Abb. 38 — Beispiel für die graphische Integration bei einer Messung in einer Rohrleitung mit Kreisquerschnitt.

3.6.4 *Geschlossene, kreisförmige Wasserführungen.* Der Durchfluß soll nach beiden, in Abb. 38 gezeigten Methoden, bestimmt werden, wobei

a) das Produkt „*rv*" in Funktion des Abstandes „*r*" vom Meßpunkt zum Mittelpunkt des Querschnittes,
b) die Geschwindigkeit „*v*" in Funktion von r^2, des Quadrates des Abstandes „*r*", aufgetragen werden.

Die Differenz zwischen den nach beiden graphischen Methoden ermittelten Durchflußmengen sollte 1% nicht übersteigen. Der Mittelwert aus beiden Werten wird als endgültig angesehen.

3.6.5 *Direkte Integrationsmethode für Einlaufquerschnitte.* Der Gebrauch einer direkten Integrationsmethode, bei der die Meßflügel mit konstanter Geschwindigkeit über den ganzen Querschnitt bewegt werden, führt zu gewissen Schwierigkeiten und erfordert eine sehr kostspielige Ausrüstung. Im Vergleich zur normalen Flügelmessung ergeben sich dabei lediglich bei der Messung sehr großer Wassermengen in sehr großen Meßquerschnitten Vorteile. Wenn die direkte Integrationsmethode angewandt wird, so muß eine ausreichende Anzahl von Versuchen mit festem Meßwagen durchgemessen werden, um die Übereinstimmung kontrollieren zu können.

4. Salzverdünnungsmessung

4.1 Diese für große Rohrleitungs- und Kanallängen geeignete Methode besteht darin, daß eine Lösung bekannter Konzentration in konstanter und laufend gemessener Menge kontinuierlich der Hauptströmung zugeführt wird. Wird an einem Punkt soweit stromabwärts der Einspritzung, daß vollkommene Mischung gewährleistet ist, Wasser entnommen, so kann die Durchflußmenge aus der Konzentration der Wasserprobe errechnet werden. Die Durchflußmenge ergibt sich aus der Formel:

$$Q = q \frac{C_1 - C_2}{C_2 - C_0}.$$

Dabei bedeuten:

Q = zu messende Durchflußmenge,

q = sekundliche Menge der eingespritzten chemischen Lösung,

C_0 = Konzentration der Chemikalie im zufließenden Wasser,

C_1 = Konzentration der eingespritzten chemischen Lösung,

C_2 = Konzentration der Chemikalie in der resultierenden Mischung.

4.2 Die vorgesehene Einspritzstelle soll vorher daraufhin untersucht werden, ob Rückströmungen bestehen, die beliebige Mengen der Lösung stromaufwärts befördern könnten.

4.3 Die Lösung kann z. B. aus folgenden Chemikalien bestehen:

Lösung:	*Empfohlene Schluß-Konzentration:*
Natriumchlorid (Kochsalz)	2 mg/l
Natriumbichromat	0,2 mg/l.

4.4 Im Idealfall soll die Lösung chemisch stabil sowie ungiftig sein und sich normalerweise nicht im natürlichen Wasser finden. Darüber hinaus sollte eine Lösung verwendet werden, die leicht feststellbar ist und deren Konzentration auf wenige Teile pro 10^8 Teile durch Titration, Leitfähigkeitsversuche oder andere bewährte chemische Methoden festgestellt werden kann.

4.5 Die sekundliche Menge der eingespritzten Lösung soll konstant sein und muß genau geregelt und gemessen werden. Zum Konstanthalten der Einspritzmenge können Dosierpumpen oder geeignete andere Einrichtungen verwendet werden. Die Lösung soll vor der Einspritzung in die Hauptströmung gründlich gerührt werden, um Homogenität zu gewährleisten.

4.6 Die Proben sollen in der Mitte gleicher Teilflächen des Meßquerschnittes entnommen werden. Sie sollen kontinuierlich an nicht weniger als 5 Stellen und während einer Meßzeit von mindestens 5 Minuten entnommen werden. Die einzelnen Proben müssen sowohl über die ganze Meßzeit, als auch über den ganzen Querschnitt konstante Konzentration aufweisen.

4.7 Folgende Proben sind regelmäßig zu entnehmen:

a) aus dem Wasser mindestens 3 Durchmesser stromaufwärts der Einspritzstelle;

b) aus der Mischung zwischen dem natürlichen Wasser und der Lösung stromabwärts der Einspritzstelle; dabei muß die Einheitlichkeit der Mischung nachgewiesen werden;

c) aus der konzentrierten Lösung zu Beginn und am Ende jeder einzelnen Einspritzung.

4.8 Für die Errechnung des Durchflusses wird die Verwendung einer vergleichenden Methode empfohlen. Diese Methode besteht darin, daß aus der durchmischten Strömung entnommene Proben mit Mischungen aus der eingespritzten Lösung und aus stromaufwärts der Einspritzstelle entnommenem Wasser verglichen werden. Dabei ist es nicht nötig, die absolute Konzentration der Lösung zu messen. Durch die Anwendung der kolorimetrischen Vergleichsmethode fallen große systematische Fehler weg.

4.9 Für jeden Versuch soll eine Kurve der Konzentration des Wassers stromabwärts der Einspritzstelle über der Zeit gezeichnet werden. Sie sollte, entsprechend der Periode konstanter Konzentration, einen Abschnitt praktisch konstanter Höhe aufweisen. Diese Konzentration ist in der obigen Formel zu verwenden. Da es unbedingt notwendig ist, die Konstanz der Schlußlösung nachzuweisen, sollte auf diesen Teil der Versuche große Sorgfalt verwendet werden.

5. Überfallmessung

5.1 Um die am besten erforschte Zuordnung Überfallhöhe—Durchfluß verwenden zu können, ist das rechteckige Wehr ohne Seiteneinschnürung mit scharfer Kante, glatter Meßwand, voller Strahlkontraktion und freier Abströmung zu verwenden.

Die Überfallkante wird vorzugsweise aus etwa 5 mm dickem, rostfreiem Material hergestellt. Die Kante soll 2 mm breit sein Sie ist stromaufwärts scharf und rechtwinkelig, stromabwärts unter 45° abgeschrägt auszuführen.

Die Überfallkante soll horizontal, glatt und frei von Rost oder Kalk sein. Die Höhe s über der Sohle des Zulaufgerinnes soll mindestens das Doppelte der vorgesehenen maximalen Überfallhöhe betragen. Die vollständige Belüftung des Strahles ist sicherzustellen. Die Ventilation muß ausreichen, um den Luftdruck unterhalb des Strahles annähernd auf atmosphärischem Druck zu halten. Die Querschnitte der Belüftungslöcher sollen mindestens 0,5% des Produktes aus Wehrbreite und Höhe der Kante über der Zulaufsohle betragen (Abb. 39).

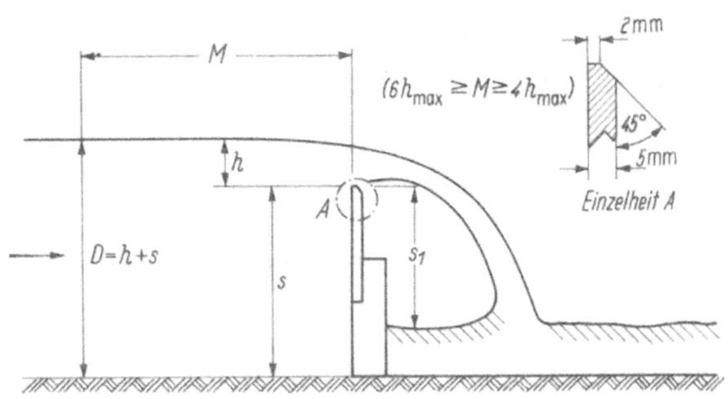

Abb. 39 — Abmessungen der Überfälle.

s Höhe der Überfallkante; h Überfallhöhe.

Während der Messung sollen der Zustand der Wehrkante und die Form des Strahles beobachtet werden, um ungünstige Verhältnisse, wie z. B. Anliegen des Strahles, gestörten oder turbulenten Überlauf über das Wehr sowie Pulsationen des Strahles, ausschalten zu können.

Die Seitenwände des Kanals sollen glatt und parallel sein. Sie sollen stromabwärts über den Überfall hinaus und dabei über die Höhe der Kante hinauf reichen. Das Wehr ist im rechten Winkel zu den Kanalwänden und zur Sohle einzusetzen.

Die benetzte Seite soll absolut glatt und frei von jeglichen Erhebungen, z. B. Schrauben oder Nietköpfen, sein.

5.2 *Einbau und Gebrauch*

Der Überfall wird üblicherweise im Unterwasser der Turbine angebracht; es ist darauf zu achten, daß die Zuströmung zum Überfall ruhig — frei von Wirbeln und Oberflächenstörungen, sowie von größeren Mengen Luft — ist.

Befindet sich der Überfall im Unterwasser, so soll er in einer Entfernung von der Turbine angebracht sein, die die Ausscheidung von Luftblasen vor dem Erreichen des Wehrs ermöglicht. Nötigenfalls sollen Beruhigungseinbauten vorgesehen werden, um eine über dem gesamten Querschnitt gleichmäßige Geschwindigkeitsverteilung zu erreichen. Übergeschwindigkeiten an Oberfläche oder Sohle des Kanals sowie Unsymmetrien jeglicher Art müssen durch entsprechende Gitter korrigiert werden.

Der Kanal soll gerade und von gleichmäßigem Querschnitt sein. Er darf auf eine Länge von mindestens 20 h stromaufwärts und 5 h max. stromabwärts durch keinerlei Einbauten gestört sein. Auf dieser Strecke muß die Bodenneigung sehr klein (kleiner als 0,005) sein. Eine Nut zur Entsandung kann nötigenfalls angeordnet werden, darf jedoch die Strömung des Wassers entlang der benetzten Fläche der Meßwand nicht stören.

5.3 *Messung der Überfallhöhe*

Die Höhe h über der Überfallkante ist stromaufwärts des Überfalls in einem Abstand von nicht weniger als der vierfachen und nicht mehr als der 6-fachen maximalen Überfallhöhe zu messen. Zur Messung von h sollen mehrere, gleichmäßig über die Kanalbreite verteilte Meßpunkte herangezogen werden:

	Kanalbreite „b"	*Anzahl der Meßpunkte*
für	$b < 2$ m	2
	2 m $< b < 6$ m	3
	$b > 6$ m	mindestens 4

Vor und nach einer Reihe von Meßpunkten soll die Nullstellung der Höhenmessung genau kontrolliert werden. Messungen der Überfallhöhe an beiden Seiten des Zulaufkanals sollen nicht mehr als 0,5% voneinander abweichen. Zur Errechnung des mittleren Durchflusses wird das arithmetische Mittel aller Überfallhöhenmessungen benützt.

Zur Messung der Überfallhöhe kann es zweckmäßig sein, Stechpegel mit Hakenspitze zu benützen, die entweder direkt verwendet werden oder in Meßschächten zu beiden Seiten des Zulaufkanals anzubringen sind. Die Meßschächte werden mit den Druckmeßbohrungen, die 3 bis 5 mm Durchmesser haben, durch Rohre verbunden.

Es sind jeweils mehrere Ablesungen in regelmäßigen Zwischenräumen vorzunehmen, um zu kontrollieren, ob stationäre Strömungsbedingungen erreicht worden sind.

5.4 *Grenzen*

Die Auslegung des Überfalls soll für Vollast der Turbine nach Möglichkeit folgende Werte ergeben:

Breite des Überfalls b	$> 0{,}25$ m
Höhe der Überfallwand bis zur Überfallkante s	$> 0{,}30$ m
Überfallhöhe h	$< 0{,}75$ m
Zuströmgeschwindigkeit	$< 0{,}45$ m/s

Unter diesen Voraussetzungen erfolgen die Überfallmessungen innerhalb des Bereiches der Versuche, auf denen die Überfallformeln aufgebaut sind.

5.5 *Überfallformeln*

Die allgemeine Abflußgleichung für einen Überfall ist die Formel von Poleni:

$$Q = 2/3 \cdot \mu \cdot b \cdot \sqrt{2g} \cdot h^{3/2}.$$

Dabei bedeuten:

Q = Durchflußmenge in m³/s,

μ = Beiwert,
b = Länge der Überfallkante in m,
h = gemessene Überfallhöhe über der Kante in m.

Unter den vielen Formeln, die auf Grund von Versuchen vorgeschlagen wurden, um den Zusammenhang zwischen Höhe und Abfluß genauer vorauszuberechnen, scheinen die folgenden die empfehlenswertesten zu sein:

Formel von Bazin (1898):

$$Q = \left(0{,}405 + \frac{0{,}003}{h}\right) \cdot \left[1 + 0{,}55\left(\frac{h}{h+s}\right)^2\right] \cdot b \cdot \sqrt{2g} \cdot h^{3/2}.$$

Dabei bedeutet:

s = Höhe der Überfallkante über der Sohle des Zulaufkanals (in der obigen Formel wird der Ausdruck $\frac{0{,}003}{h}$ bei Verwendung des britischen Systems zu $\frac{0{,}0098}{h}$).

Grenzen der Anwendbarkeit:

$$0{,}1\ \text{m} < h < 0{,}6\ \text{m}$$
$$0{,}2\ \text{m} < s < 2\ \text{m}$$

Länge der Zulaufstrecke zwischen Beruhigungsrechen und Überfall: $\geqq 80 \cdot b$.

Formel des Schweizerischen Ingenieur- und Architektenvereins (1924):

$$Q = 0{,}410\left((1 + \frac{1}{1000 \cdot h + 1{,}6}\right)\left[1 + 0{,}5\left(\frac{h}{h+s}\right)^2\right] \cdot b \cdot \sqrt{2g} \cdot h^{3/2}.$$

Anwendungsgrenzen: $0{,}025\ \text{m} < h < 0{,}80\ \text{m}$
$s > 0{,}30\ \text{m}$
$h/s < 1$

Formel von Rehbock (1929):

$$Q = (0{,}4023 + 0{,}0542\, h_e/s) \cdot b \cdot \sqrt{2g} \cdot h_e^{3/2}.$$

Dabei ist: $h_e = h + 0{,}0011$ m.

Grenzen der Anwendbarkeit: $0{,}1 < h < 0{,}8$ m
$s > 0{,}3$ m
$h/s < 1.$

Man beachte, daß Unregelmäßigkeiten der Strömung im Zulauf, ebenso eine runde Überfallkante oder Rauhigkeiten der benetzten Wehrfläche sowie unzureichende Belüftung des Strahls die errechnete Beziehung zwischen Überfallhöhe und Durchfluß beträchtlich stören können.

6. Absolutmessungen durch Wägung und volumetrische Methoden

6.1 Die Methoden der Wägung sowie mittels — vorzugsweise durch Wägung geeichter — Meßbehälter zählen zu den genauesten Verfahren, sind jedoch wegen der Größe der nötigen Behälter nur für relativ geringe Durchflußmengen angenehm. Sie sind daher für Messungen im Laboratorium und an kleinen Anlagen besonders geeignet, können aber an großen Turbinen nur selten verwendet werden.

6.2 Die Messung des Wasserstroms, der während einer zu messenden Zeit in einen Tank geleitet und anschließend gewogen wird, stellt eine genaue und absolute Methode dar. Unter Verwendung geeigneter Einrichtungen zur Umlenkung des Wasserstromes in den Tank, zur Wägung und zur Zeitmessung, kann eine hohe Genauigkeit erreicht werden.

6.3 Die volumetrische Methode ist bezüglich der Genauigkeit gleich nach der Wägung einzureihen, vorausgesetzt, daß das Volumen des Tanks genau festgestellt werden kann. Kleine Eichbehälter werden am besten durch das genaue Einwägen kleinerer Wassermengen geeicht. Größere Behälter müssen auf Grund geometrischer Messungen geeicht werden. In allen Fällen müssen die Behälterwände steif sein, so daß eine eindeutige Zuordnung zwischen Spiegelhöhe und Volumen besteht. Die Spiegelhöhen werden mit Hilfe von Wasserstandsrohren (20 mm lichte Weite), Stechpegel, Schwimmkörpern oder Meßstäben gemessen. In größeren Behältern ist der Wasserspiegel an mehreren Punkten gleichzeitig zu messen.

6.4 Folgende Einflüsse sind sorgfältig zu vermeiden:

Deformation der Behälterwände (gilt für kleine Behälter).
Regen, Verdampfung, Wind, Leckverluste oder Zufluß (für große Behälter).

7. Schirmmessung

7.1 Mit Ausnahme spezieller Fälle werden Durchflußmessungen mittels Meßschirm nur im Laboratorium angewandt, da die Methode einen relativ langen Kanal und teure Einrichtungen erfordert. Es wird ein langer, offener Kanal konstanten, rechteckigen Querschnittes verwendet, in dem die Strömung einen leichten vertikalen Schirm von geringer Reibung und kleinen Spaltverlusten mit sich führt. Dieser Schirm wird benützt, um die Geschwindigkeit der Strömung zu bestimmen. Die Vorteile dieser Meßmethode liegen in ihrer Einfachheit und Genauigkeit; sie ist jedoch nur für geringe Durchflußmengen angenehm verwendbar.

7.2 Die Methode stimmt insoweit mit der volumetrischen überein, als die Durchflußmenge nach der Formel

$$Q = L \cdot A / t$$

errechnet wird. Dabei bedeuten:

Q = Durchfluß in m^3/s,
L = Länge der Meßstrecke zwischen den gekennzeichneten Querschnitten in m,
A = Wasserquerschnitt des Kanals in m^2,
t = Laufzeit des Schirms über die Meßlänge in s.

7.3 Der offene Meßkanal soll hinreichend lang sein, um eine gleichmäßige Geschwindigkeitsverteilung zu gewährleisten. Die benetzten Seitenwände und der Boden sollen vollkommen gerade und eben sein; der Boden ist frei von Sand und Verunreinigungen zu halten. Die Versuchslänge soll im Interesse der Kontrolle sichtbar bezeichnet sein. Der Kanalquerschnitt soll über die Versuchslänge und die beiderseits anschließenden 2 m um nicht mehr als 0,5% variieren. An 3 Stellen der Meßstrecke sollen geeignete Schächte angebracht sein, um die Wassertiefe messen zu können. Durch entsprechende Einbauten soll eine glatte, von Wellen und Wirbeln freie Wasseroberfläche erreicht werden. Die Durchflußmenge sollte mit Hilfe einer wirksamen Vorrichtung während des Versuches — vorzugsweise automatisch — konstant gehalten werden.

7.4 Der Meßschirm soll den Querschnitt des Kanals mit nicht mehr als 5 mm Spalt an Boden und Seitenwänden ausfüllen.

Er ist aus steifem, leichtem Material herzustellen und soll auf einem geeigneten Meßwagen und geeigneten Schienen laufen. Der Schirm oder Meßwagen ist mit einer wirksamen und verläßlichen Zeitgebereinrichtung zu versehen. Das obere Ende des Meßschirms sollte nicht zu weit aus der glatten Wasseroberfläche herausragen. Dem Schirm kann ohne weiteres eine anfängliche Beschleunigung erteilt werden, um das rasche Erreichen der Geschwindigkeit des Wassers zu ermöglichen.

7.5 Die Hauptschiene soll derartig konstruiert und instandgehalten werden, daß der eingebaute Schirm seitlich bis zu maximal 2 mm nach beiden Richtungen frei beweglich ist. Mit Hilfe einer stromaufwärts angeordneten Hilfsschiene soll der Meßschirm ohne besondere Wellenbildung in das Wasser eingeführt werden können. Eine ähnliche Einrichtung am stromabwärtigen Ende der Meßstrecke würde das Herausziehen des Schirms erleichtern.

7.6 *Wünschenswerte Eigenschaften*

7.6.1 *Durchflußbestimmung.* Der Schirm soll auf einem mit leichten, kugelgelagerten Rädern von etwa 600 mm Durchmesser ausgestatteten 3- oder 4-rädrigen Karren geführt sein. Der Schirm muß leicht laufen und darf weder eine Tendenz zum Überholen noch zum Zurückbleiben gegenüber der Wasserströmung aufweisen. Der maximale Spiegelunterschied des Wassers zu beiden Seiten des Meßschirms sollte nicht mehr als 0,2 mm betragen. Die maximale Geschwindigkeit sollte etwa 1 m/s betragen. Die Spiegelhöhe soll während der Meßfahrt konstant bleiben, was vor und nach der Fahrt zu kontrollieren ist.

Die Länge des Versuchskanals soll mindestens 15 m betragen.
Die Länge der Meßstrecke soll mindestens 8 m betragen.
Die Breite kann von 1 bis 3 m variieren.
Die Tiefe kann ebenso von 1 bis 3 m variieren.

7.6.2 *Geschwindigkeitsmessung.* Elektrische Zeitmeßeinrichtungen oder Chronographen sind wünschenswert; sie sind durch Eichungen zu kontrollieren. Entlang der Meßstrecke sollen 3 oder mehr Zeitkontakte in gleichen Abständen angeordnet sein.

8. **Pitot-Rohre**

8.1 Die Methode besteht in der Ermittlung der Geschwindigkeit mittels Pitotrohren in einer ausreichenden Zahl von Punkten und der anschließenden Integration des Durchflusses. Sie entspricht im Prinzip der Flügelmeßmethode, ist jedoch wegen der Änderung des Wirkdruckes mit dem Quadrat der Wassergeschwindigkeit bezüglich des meßbaren Wassermengenbereichs eingeschränkt. Das Pitotrohr muß geeicht werden. Die Methode ist für voll durchströmte geschlossene Leitungen geeignet, wird jedoch für Kanäle und andere Strömungen mit freier Oberfläche nicht empfohlen.

8.2 Bei der Durchflußmessung in geschlossenen Leitungen soll der Meßquerschnitt in einem geraden Stück und in einer Entfernung von möglichst nicht weniger als 10 Rohrdurchmessern stromabwärts von jeglichen Krümmern, Verzweigungsrohren, Schiebern oder anderen Störeinflüssen angeordnet werden.

8.3 Das Pitotrohr soll an einer beweglichen Strebe steif befestigt und stets stromaufwärts, senkrecht zur Ebene des Meßquerschnittes, zeigen.

8.4 Werden einfache Hakenstaurohre verwendet, so soll der statische Druck von Druckmeßbohrungen entnommen werden, die fluchtend mit der Innenwand an einer von der Staurohrbefestigung nicht beeinflußten Stelle angeordnet sind. Die Druckmeßbohrungen sollen senkrecht zur Wand stehen und auf eine Länge von mindestens 2 Bohrungsdurchmessern von der Wand aus gemessen, konstanten Durchmesser haben.

8.5 2 oder besser 4 Druckmeßbohrungen sind symmetrisch um den Meßquerschnitt, in derselben Ebene wie die Staudruckmeßbohrung, anzubringen. Jede Druckmeßbohrung soll mit einem eigenen Manometer verbunden sein. Der statische Druck an der Meßstelle soll als das arithmetische Mittel aller Ablesungen ermittelt werden; diese sind gleichzeitig vorzunehmen.

8.6 Es sind mindestens 2 Pitotrohre, die auf mindestens 2 Durchmessern der Rohrleitung verschoben werden können, vorzusehen. Die Meßtraversen sollen in der Rohrleitung gleichmäßig verteilt sein. Pro Meßfahrt sollen 2 komplette Traversen entlang jeden Durchmessers gemessen werden.

8.7 Die Geschwindigkeitshöhe h_v für jeden Punkt der Traverse ergibt sich durch Subtraktion des wie oben ermittelten statischen Druckes vom Gesamtdruck des entsprechenden Meßpunktes. Die Geschwindigkeit für jeden Punkt der Traverse ist nach der Formel

$$v_i = C \sqrt{2g} \cdot \sqrt{h_{vi}}$$

zu errechnen. Dabei bedeuten:

v_i = die Geschwindigkeit an der Stelle i,
h_{vi} = die Differenzdruckhöhe im Punkt „i" wie oben bestimmt,
C = Koeffizient der Kombination Einfachstaurohr — statische Druckmeßbohrung; solange die Strömung nicht sehr turbulent ist, beträgt dieser Wert im allgemeinen ungefähr $C = 1$.

8.8 Die Methodik der Meßtraversen und der Integration entspricht sinngemäß der bei der Flügelmessung angewandten.

8.9 *Staudruck-Meßgeräte*

An Stelle des Einfach-Hakenstaurohres kann ein mit einem koaxialen Rohr und statischen Meßbohrungen ausgestattetes Pitotrohr verwendet werden, das die Messung des örtlichen statischen Druckes erlaubt. Die Gesamtdruck- und statischen Druckmeßbohrungen werden mit einem Differenzmanometer verbunden.

Das zweite Rohr kann an Stelle der statischen Meßbohrungen auch eine stromabwärts zeigende Meßbohrung aufweisen, die einen dynamischen Unterdruck mißt und somit den Wert h_v erhöht.

Derartige Varianten des Pitotrohres sind unter anderem die Meßgeräte nach Darcy, Frank, Prandtl und Cole. Ihre Beiwerte müssen sorgfältig durch Eichung über den gesamten Geschwindigkeitsbereich ermittelt werden.

9. Blenden, Düsen und Venturimeter

9.1 Die Durchflußmessung mittels Blende, Düse oder Venturimeter ist Gegenstand von I.S.O.-Empfehlungen. Wo immer es möglich ist, diese Empfehlungen zu erfüllen, kann auf die Eichung der Meßeinrichtung verzichtet werden. Es können die in den I.S.O.-Empfehlungen angegebenen Koeffizienten verwendet werden, falls die so erreichbare Genauigkeit als hinreichend angesehen werden kann.

9.2 Wenn die Verhältnisse, insbesondere die Einbauverhältnisse, die Erfüllung der I.S.O.-Anforderungen unmöglich machen, so ist das Meßinstrument in der Anlage unter Betriebsbedingungen zu eichen.

9.3 Der Durchfluß wird durch die Gleichung

$$Q = \alpha \, m \, A \cdot \sqrt{2gh}$$

bestimmt, wobei bedeuten

Q = Durchfluß in m^3/s,
A = Querschnitt der Wasserführung in m^2,
m = Flächenverhältnis von engstem Querschnitt zu Rohrleitungsquerschnitt,
h = Wirkdruck in m W.S.,
α = Durchflußbeiwert in Abhängigkeit vom Gerätetyp, Flächenverhältnis m, *Re*-Zahl und absoluten Abmessungen.

ABSCHNITT IX — MESSUNG DER FALLHÖHE

1. Allgemeine Bemerkungen

1.1 *Hauptfestpunkte, Abstichpunkte, Bezugspunkte*

In jeder Wasserkraftanlage ist ein „Hauptfestpunkt "anzulegen, dessen Niveau genau bestimmt werden muß. Er soll nach Möglichkeit an ein festes Nivellement angeschlossen werden (mittlerer Meeresspiegel). Dieser Hauptfestpunkt muß, um Irrtümer zu vermeiden, deutlich angegeben werden.

Die Koten der Abstichpunkte der freien Wasserspiegel und die Bezugshöhenlagen der Manometer müssen vor dem Beginn der Abnahmeversuche gegenüber dem Hauptfestpunkt genau bestimmt werden.

1.2 *Beharrungszustand und Häufigkeit der Ablesungen*

Die Ablesungen zur Bestimmung der Fallhöhe einer Turbine dürfen erst erfolgen, wenn der Beharrungszustand eingetreten ist. Während der Messungen muß die Fallhöhe möglichst konstant bleiben. Für jeden Lastpunkt müssen mindestens 5 Ablesungen in gleichmäßigen Zwischenräumen erfolgen; die Häufigkeit und der zeitliche Abstand zwischen den Ablesungen richten sich nach der Größe und dem zeitlichen Verlauf der Spiegelschwankungen (s. IV.2.2).

2. Messung des freien Wasserspiegels

2.1 *Wahl des Meßquerschnitts*

Bei der Wahl des Meßquerschnitts für einen freien Wasserspiegel sind die folgenden Punkte zu berücksichtigen:

a) die Strömung sollte ruhig und frei von örtlichen Störungen sein;

b) die Querschnittsfläche, die für die Bestimmung der mittleren Wassergeschwindigkeit verwendet wird, muß eindeutig definierbar und leicht ausmeßbar sein.

Der Oberwasserspiegel muß in Anlagen mit offener Wasserführung oder Einläufen flußabwärts vom Turbinenrechen gemessen werden. Der Unterwasserspiegel ist im Austrittsquerschnitt des Saugrohres zu messen. Ist eine Messung an dieser Stelle nicht möglich, dann kann entweder ein geschlossener Saugrohrquerschnitt unmittelbar flußaufwärts vom Saugrohrende oder ein offener Querschnitt im Unterwasser in unmittelbarer Nähe des Saugrohrendes gewählt werden. Bei Turbinen ohne ausgeprägtes Saugrohr muß der Austrittsquerschnitt schon bei der Bestellung der Ausrüstung vereinbart werden (s. II.2.2.2).

Bei freien Wasserspiegeln müssen die Messungen mindestens an zwei Stellen des Meßquerschnitts vorgenommen werden; aus den Ablesungen ist der Mittelwert zur Ermittlung der wirklichen Spiegelhöhe zu bilden.

2.2 *Meßschächte und Beruhigungskästen*

Ist der freie Wasserspiegel am Turbinenein- oder -austritt nicht zugänglich, sind Meßschächte, ungefähr 300×300 mm bereits einzuplanen, die eine genaue und bequeme Messung ermöglichen. Ihre Anschlußkanäle oder -rohre müssen senkrecht zur Wand des Meßquerschnitts stehen und sollen möglichst mit glattem Lochblech (Löcher mit etwa 3,5 mm Durchmesser) abgedeckt werden.

Diese Abdeckbleche müssen bündig mit der Wand des Meßquerschnitts abschließen, um einen Einfluß des fließenden Wassers auszuschalten (Abb. 40). Es empfiehlt sich, für jeden Meßquerschnitt mindestens zwei Meßschächte auf gegenüberliegenden Seiten des Kanals vorzusehen.

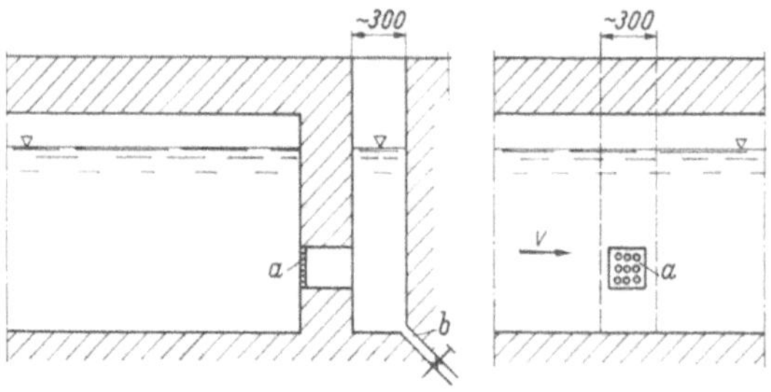

Abb. 40 — Meßschacht.

a Platte mit Bohrungen; *b* Entleerventil.

Wenn der freie Wasserspiegel zugänglich, aber für genaue Messungen nicht ausreichend ruhig ist, soll ein Beruhigungskasten, ähnlich wie der Meßschacht, eingebaut werden.

2.3 *Meßgeräte*

2.3.1 *Meßteller.* Ein Meßteller mit Metallmeßband eignet sich am besten zum Messen des Wasserspiegels in bezug auf den Abstichpunkt im Meßquerschnitt (Abb. 41).

2.3.2 *Stechpegel.* Stechpegel können verwendet werden, um den Wasserspiegel bei ruhigem Wasser zu messen, z. B. in Dammbalkenschlitzen, Meßschächten oder Beruhigungskästen (Abb. 42).

2.3.3 *Schwimmpegel.* Schwimmpegel, vorausgesetzt, daß sie einwandfrei geeicht und in gutem Betriebszustand sind, dürfen verwendet werden. Ihre Verwendung wird empfohlen, wenn der Wasserspiegel schwankt. Der Durchmesser des Schwimmers soll mindestens 200 mm betragen. Solche Schwimmpegel sollen eine Empfindlichkeit von mindestens 5 mm aufweisen, wenn sie von Hand aus von der korrekten Stellung aus verschoben werden.

Ein Durchmesser von 200 mm wird für die Schwimmpegel in Beruhigungskästen, $250 \times 250\,mm^2$ als ausreichend angesehen. Dies ist häufig die größte zulässige Abmessung beim Einbau in Dammbalkenschlitzen.

2.3.4 *Feste Lattenpegel.* Feste Lattenpegel, die mit der Wand des Meßquerschnitts bündig abschließen, können bei Höhen über 10 m verwendet werden.

2.4 *Flüssigkeitsmanometer*

Wenn die Meßquerschnitte nicht zugänglich sind, kann der freie Wasserspiegel mit Hilfe von zwei oder mehr Flüssigkeitsmanometern bestimmt werden. Die Anschlußpunkte am benetzten Umfang des Meßquerschnitts müssen in der gleichen Weise vorgesehen werden wie der Anschluß der Meßschächte (s. Abb. 40), um einen Einfluß des fließenden Wassers auszuschalten.

Als Flüssigkeitsmanometer werden oft Differenz-Druckmesser verwendet (umgekehrtes U-Rohr). In diesem Fall wird der zweite Schenkel des U-Rohres mit einem mit Wasser gefüllten Meßtopf verbunden, in dem der Wasserspiegel konstantgehalten wird. Wenn der zu messende freie Wasserspiegel über dem Manometer liegt, muß der obere Teil des U-Rohres unter Verwendung von Druckluft ent-

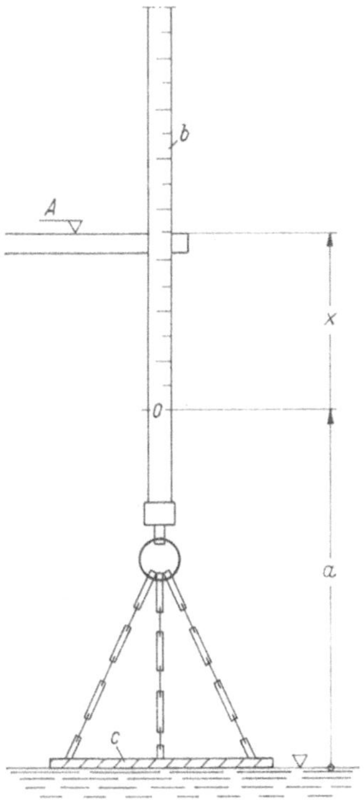

Abb. 41 — Meßteller für die Messung der Wasserspiegelhöhe, ausgehend von einem Fixpunkt *A*.

a Konstante Länge; *b* Stahlmeßband; *c* Meßteller (aus Blech).

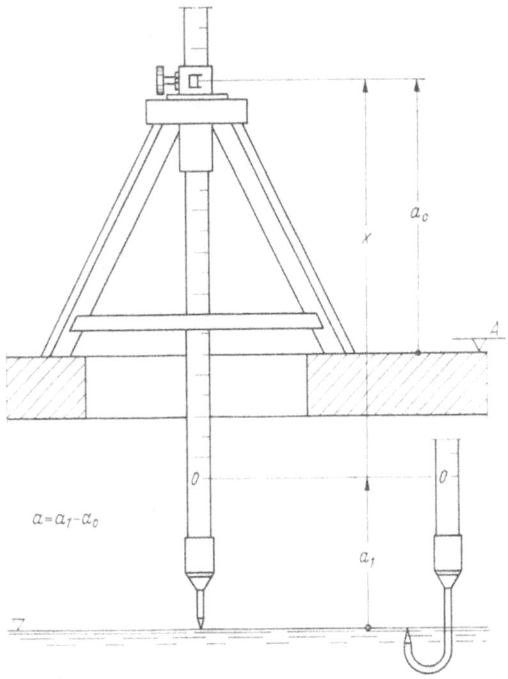

Abb. 42 — Stechpegel.

A Fixpunkt.

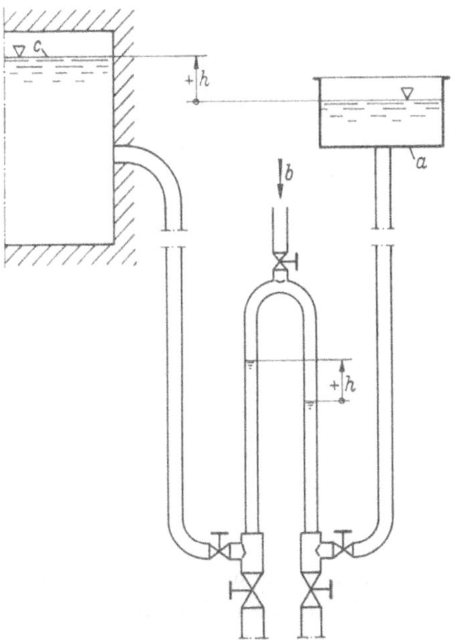

Abb. 43 — Messung unzugänglicher freier Wasserspiegel.

a Vergleichsgefäß; *b* Druckluftzufuhr; *c* zu messende Wasserspiegellage.

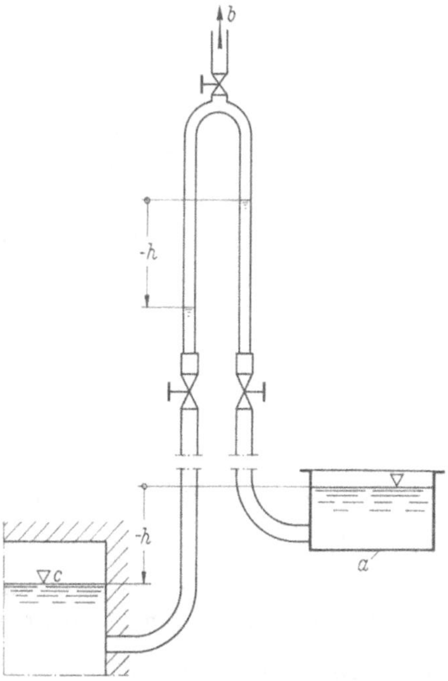

Abb. 44 — Messung unzugänglicher freier Wasserspiegel.

a Vergleichsgefäß; *b* zur Vakuumpumpe; *c* zu messende Wasserspiegellage.

leert werden (Abb. 43). Wenn jedoch der zu messende freie Wasserspiegel unter dem Manometer liegt, so sind die Spiegel in den beiden Schenkeln des U-Rohres durch Ansaugen anzuheben (Abb. 44). Die Verbindungsrohre zum Meßinstrument müssen ein „Durchspülen" ermöglichen, um zu vermeiden, daß sich Luftblasen ansammeln können, und um die gleiche Wassertemperatur einzuhalten. Die Verbindungsrohre müssen ausreichend luftdicht sein, damit keine Luft in die Leitungen, in denen Unterdruck herrscht, eingesaugt werden kann.

2.5 *Messungen unter Verwendung von Druckluft*

Der freie Wasserspiegel kann auch gemessen werden mit Hilfe des Druckes in einem Rohr, das mit Druckluft gefüllt wird. Ein Ende dieses Rohres wird mit einem kleinen Kompressor verbunden oder an einer Druckkammer unter Verwendung eines Reduzierventils angeschlossen, das andere Ende liegt auf einer genau bestimmten Höhe unter der zu messenden Wasseroberfläche (Abb. 45). Da der Druckverlust in dem Druckrohr, mit dem die Luft zugeführt wird, die Meßergebnisse fälscht, muß dieser Druckverlust möglichst klein sein (< 5 mm). Aus diesem Grunde soll der Querschnitt des Rohres reichlich bemessen werden, das Rohr soll möglichst kurz sein und die Luftmenge, die dauernd durch das Rohr fließt und unter Wasser austritt, soll möglichst klein sein. Das Luftrohr soll nur in ruhiges Wasser eingetaucht werden. Wenn dies nicht der Fall ist, können dynamische Einflüsse beträchtliche Fehlerquellen darstellen.

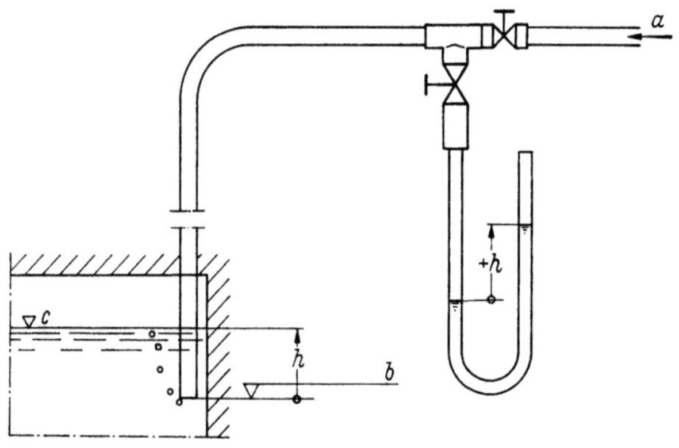

Abb. 45 — Messung unzugänglicher freier Wasserspiegel.

a Druckluftzufuhr; *b* Rohrende, auf festgelegtem Niveau liegend; *c* zu messende Wasserspiegellage.

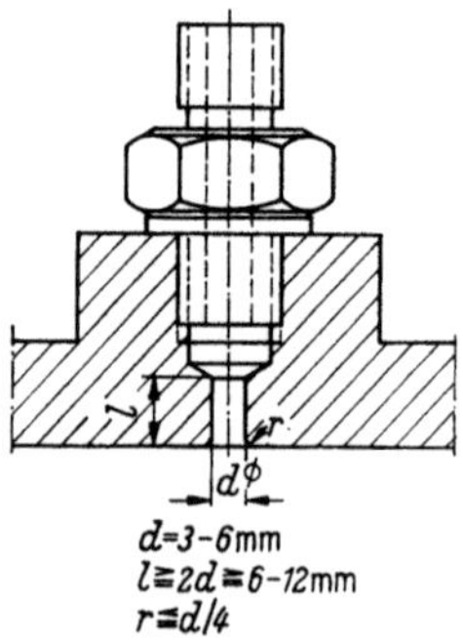

Abb. 46 — Wandanbohrung zur Druckmessung.

3. **Druckmessungen**

3.1 *Wahl der Meßquerschnitte*

Bei der Wahl des Meßquerschnitts sind für die Druckmessungen die folgenden Punkte zu berücksichtigen:

a) Die Strömung soll möglichst störungsfrei sein; Meßquerschnitte, in denen die Geschwindigkeitsverteilung durch Krümmer oder ein Absperrorgan erheblich gestört wird, sind zu vermeiden.

b) Die Querschnittsfläche, die für die Berechnung der mittleren Wassergeschwindigkeit benötigt wird, soll leicht ausmeßbar sein.

Der Meßquerschnitt soll nach Möglichkeit in einer geraden Rohrstrecke angeordnet werden (die nicht zylindrisch zu sein braucht), wobei die Länge der Rohrstrecke vor dem Meßquerschnitt den fünffachen und hinter dem Meßquerschnitt den zweifachen Rohrdurchmesser betragen soll.

3.2 *Anzahl und Lage der Druckmeßanschlüsse*

Vier Druckmeßanschlüsse auf zwei zueinander senkrecht stehenden Durchmessern sollen verwendet werden. Die Anschlüsse sollen nicht am höchsten Punkt des Meßquerschnitts oder in seiner Nähe vorgenommen werden, um die Gefahr von Luftansammlungen zu vermeiden. Auch sollen die Meßanschlüsse nicht am tiefsten Punkt oder in seiner Nähe wegen Verschmutzungsgefahr in den Anschlüssen liegen. Bei günstigsten Störmungsverhältnissen können nach Absprache nur zwei Meßanschlüsse, die diametral gegenüber liegen, verwendet werden.

Als Höhe des Meßpunktes soll der Schwerpunkt der Gruppe der angeschlossenen Flüssigkeitsmanometer angenommen werden. Diese Höhe soll die Mitte des Meßquerschnitts sein.

3.3 *Meßbohrungen*

Die zylindrischen Bohrungen des Meßanschlusses in der Rohrwand sollen 3 bis 6 mm im Durchmesser sein, ihre Länge soll mindestens 6 bis 12 mm betragen. Die Meßbohrung muß senkrecht zur Rohrwand stehen. Zur Vermeidung von Einflüssen der Wasserströmung muß der Grat entfernt und die Bohrung mit einem Radius $\leqq d/4$ abgerundet oder zumindest leicht abgeschrägt werden (Abb. 46).

Die Oberfläche der Rohrleitung soll glatt sein und parallel zur Strömung in der Nähe der Meßbohrung über einen Abstand von mindestens 250 mm vor und 100 mm hinter der Bohrung verlaufen.

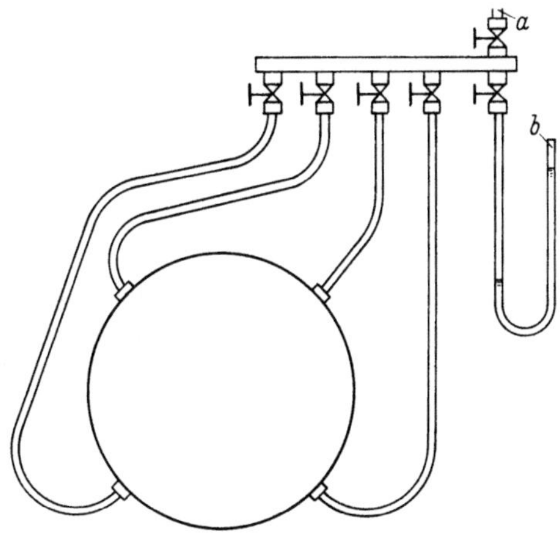

Abb. 47 — Wandanbohrungen mit getrennten Leitungen zum Druckmeßgerät.

a Spülventil; *b* Druckmeßgerät.

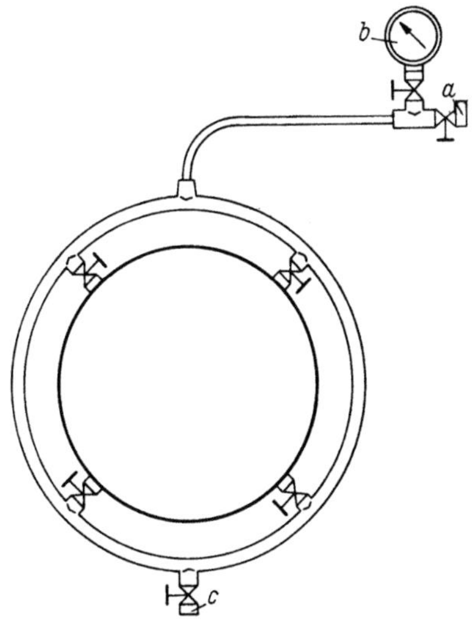

Abb. 48 — Wandanbohrungen mit Ringleitung.

a Spülventil; *b* Druckmeßgerät; *c* Entleerungsventil.

3.4 *Meßleitungen*

Um Einzelmessungen des Druckes an jeder Meßbohrung zu ermöglichen, muß jeder Anschluß mit dem Manometer über eine getrennte Meßleitung erfolgen, die getrennt abgesperrt werden kann (Abb. 47). Wenn eine Ringleitung verwendet wird, muß ein Absperrventil zwischen jedem einzelnen Anschluß und der Ringleitung vorgesehen werden (Abb. 48). Die Rohrleitung soll stetig geneigt nach oben ohne Schleifen oder Durchhang verlaufen, da sich sonst bei den Messungen in der Leitung Luft ansammeln kann. Außerdem muß für ein „Durchspülen" gesorgt werden, um die Luft aus den Leitungen zu entfernen. Daher soll ein Spülventil geeigneter Größe oben an der Leitung in unmittelbarer

Nähe des Manometers vorgesehen werden. Die Meßleitung muß auf irgendwelche Undichtigkeiten, auch wenn diese noch so klein sind, sorgfältig kontrolliert werden. Wenn eine Undichtigkeit während der Versuche auftritt, sind die Messungen zu unterbrechen, bis die Undichtigkeiten beseitigt worden sind (durchsichtige Meßleitungen aus plastischem Material haben sich bei Drücken bis zu 6 kp/cm^2 als gut brauchbar erwiesen).

In der Nähe des Druckmessers muß ein fester Bezugspunkt vorgesehen werden, um die Höhe des Nullpunktes des Meßinstruments bestimmen zu können.

3.5 *Druckmesser*

3.5.1 *Manometer.* Flüssigkeitsmanometer werden zur Messung von verhältnismäßig niedrigen Drücken verwendet. Um Kapillarwirkung zu vermeiden, muß das Rohr des Flüssigkeitsmanometers mindestens einen lichten Durchmesser von 12 mm im Meßbereich aufweisen. Bei Verwendung von Quecksilbermanometern soll dieser Durchmesser mindestens 8 mm betragen.

Quecksilbermanometer sind verfügbar als:

a) *U-Rohre.* Die Höhe der Quecksilberspiegel in den beiden Schenkeln muß gleichzeitig abgelesen werden (Abb. 49).

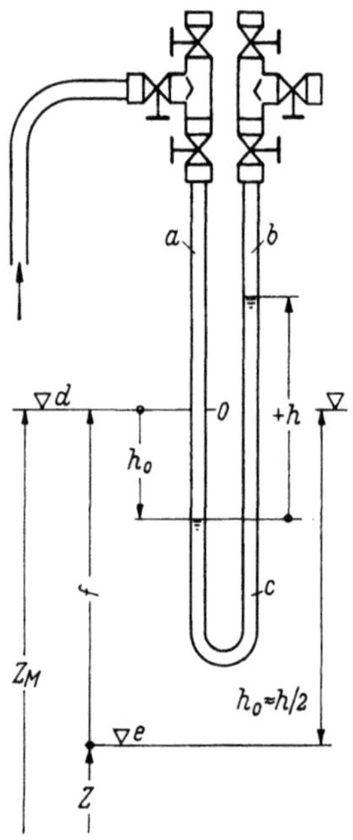

Abb. 49 — Quecksilber U-Rohr Differentialmanometer.

a Wasser; *b* Luft; *c* Quecksilber; *d* Nullpunkt; *e* Höhenlage des Meßpunktes.

$$p_g = \frac{1}{10}\left[\gamma \cdot f + \left(\gamma_{Hg} - \frac{\gamma}{2}\right) \cdot h\right].$$

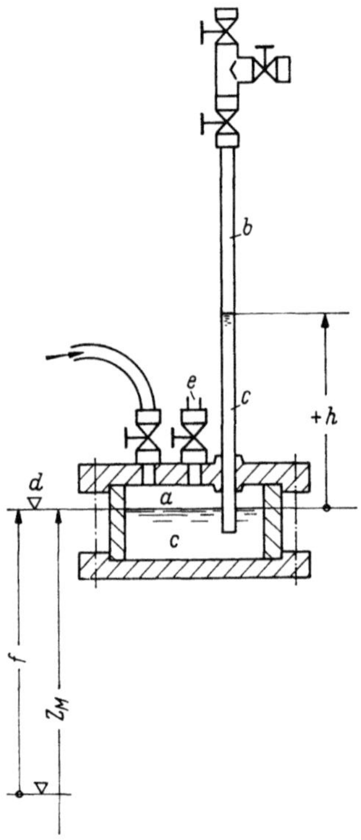

Abb. 50 — Differentialmanometer mit Quecksilberausgleichsgefäß.

a Wasser; *b* Luft; *c* Quecksilber; *d* Nullpunkt; *e* Spülventil.

$$p_g = \frac{1}{10}\left(\gamma \cdot f + \gamma_{Hg} \cdot h\right).$$

b) *Meßtopf mit Steigrohr.* In diesem Falle braucht nur die Höhe der Quecksilbersäule im Steigrohr abgelesen zu werden. Die kleine Abweichung des Quecksilberspiegels im Meßtopf wird durch einen

Multiplikationsfaktor, der fast gleich 1 ist, berücksichtigt, der das Verhältnis der Flächen des Steigrohres und des Meßtopfes erfaßt (Abb. 50).
Der Durchmesser des Meßtopfes soll mindestens das zehnfache der lichten Weite des Steigrohres betragen.

c) *Geeichtes U-Rohr.* Die Höhe des Quecksilberspiegels wird nur in einem Schenkel abgelesen, die Verdrängung des Quecksilbers im anderen Schenkel (dessen Querschnittsfläche z. B. das zehnfache des Schenkels, der zum Messen verwendet wird, beträgt) wird an einer geeigneten Skala getrennt abgelesen.

Für sämtliche Manometer darf nur reines Quecksilber verwendet werden, daß in bestimmten Zeitabständen gereinigt werden muß. Die Ausscheidung von Verunreinigungen durch Luftblasen, die durch die Fläche zwischen Quecksilber und reinem Wasser in einem Topf hindurchgehen, ist oft erfolgreich.

3.5.2 *Gewichtsmanometer.* Gewichtsmanometer können einen einfachen oder einen Differentialkolben aufweisen. Der wirksame Kolbendurchmesser d_e der Gewichtsmanometer mit einfachen Kolben kann als der arithmetische Mittelwert des direkt abgemessenen Durchmessers d_p und des Bohrungsdurchmessers d_b bestimmt und ohne weitere Eichung für die Berechnung des Druckes verwendet werden,

$$d_e = \frac{d_p + d_b}{2}\,, \text{ wenn festgestellt wird, daß } \frac{d_b - d_p}{d_b + d_p} \leqq 0{,}001\,.$$

Dieser Wert muß vor Beginn der Abnahmeversuche kontrolliert werden. Im allgemeinen ist es jedoch zweckmäßiger, das Gewichtsmanometer zu eichen und dadurch indirekt die wirksame Kolbenfläche über dem gesamten Meßbereich gegenüber einem einfachen Flüssigkeitsmanometer zu bestimmen.

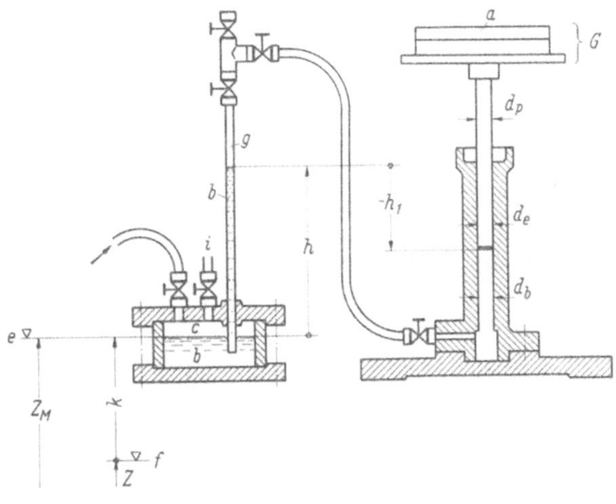

Abb. 51 — Kolbenmanometer, kombiniert mit einem Quecksilbermanometer.

a Gewicht *G*; *b* Quecksilber; *c* Wasser; *e* Nullpunkt; *f* Meßebene; *g* Ölfüllung; *i* Spülventil.

$$p_g = \frac{1}{10}\,(\gamma \cdot k + \gamma_{Hg} \cdot h) + p_G - \frac{1}{10} \cdot \gamma_{oil} \cdot h_1\,,$$

$$\text{darin ist } p_G = \frac{G}{\frac{\pi}{4} \cdot d_e^2}\,.$$

Die Reibung zwischen Kolben und Wandung kann praktisch durch langsames Drehen des Kolbens ausgeschaltet werden.

Ein Gewichtsmanometer, das mit einem Quecksilbermanometer in Reihe geschaltet wird, ist auch für die Messung von schwankenden Drücken geeignet. Für diesen Zweck sind Gewichtsmanometer allein nicht brauchbar (Abb. 51).

3.5.3 *Federmanometer*. Für die Abnahmeversuche dürfen nur Präzisions-Federmanometer mit Schneidenzeigern verwendet werden, die bei einer Eichung mit Gewichtsmanometern bei denselben Drücken dieselben Zeigerstellungen ergeben. Der optimale Meßbereich liegt bei einem Federmanometer zwischen 50 und 70% des Skalen-Endwertes.

Federmanometer müssen vor und nach den Versuchen durch Vergleich mit zuverlässigen Kontrollinstrumenten, wie z. B. Gewichtsmanometern, geeicht werden. Dabei ist die gleiche Lage und der gleiche Meßbereich wie bei dem Versuch einzuhalten.

3.5.4 *Differenz-Druckmesser*. Bei Anlagen mit mehreren Druckrohrleitungen soll der Druck im Meßquerschnitt der zu untersuchenden Wasserführung der Turbine aus dem Druckabfall gegenüber dem Druck in einer zweiten Durckrohrleitung, wobei das 2. Aggregat stillsteht, ermittelt werden. Die Differenzdruckmessung in den beiden Druckrohrleitungen kann mittels eines U-Rohres mit Quecksilberfüllung (Abb. 52), oder bei kleinen Druckunterschieden mittels eines umgekehrten U-Rohres mit einer Sperrflüssigkeit *a*, die leichter als Wasser ist, erfolgen (Abb. 53). Als Sperrflüssigkeit können für diesen Zweck Toluol mit einem spezifischen Gewicht von $\gamma = 0{,}867$ kp/dm³ oder Druckluft mit seinem spezifischen Gewicht verwendet werden.

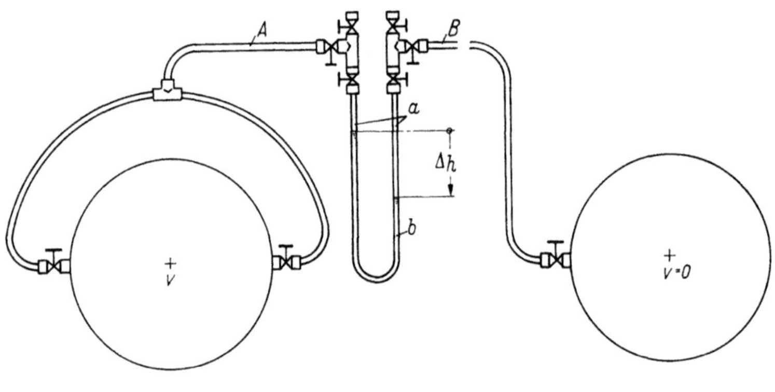

Abb. 52 — Quecksilber-Differential-Manometer.

a Wasser (γ); *b* Quecksilber (γ_{Hg}).

$$H_l + \frac{v^2}{2g} = (\gamma_{Hg} - \gamma) \cdot \Delta h.$$

H_l = Druckverlust zwischen Oberwasserspiegel und Druckmeßstelle

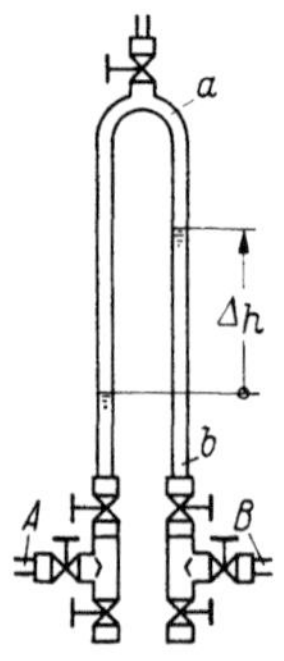

Abb. 53 — Differentialmanometer mit umgekehrtem U-Rohr.

a Luft (γ_a); *b* Wasser (γ).

$$H_l + \frac{v^2}{2g} = (\gamma - \gamma_a) \cdot \Delta h.$$

H_l = Druckverlust zwischen Oberwasserspiegel und Druckmeßstelle

3.6 *Dämpfung*

Wenn der zu messende Druck schwankt, kann unter Umständen eine einwandfreie Ablesung am Druckmesser schwierig sein. Um bessere Ablesemöglichkeiten zu schaffen, kann eine geeignete Dämpfung vorgesehen werden. Dabei muß man jedoch besonders sorgfältig vorgehen, da eine einwandfreie Dämpfung, die von dem Viskositätswiderstand abhängt, vollkommen symmetrisch sein soll und in beiden Richtungen den gleichen Strömungswiderstand haben soll. Dies kann durch Verwendung eines Kapillarröhrchens oder eines Ventils besonderer Konstruktion erreicht werden. Dieses Ventil muß ein leichtes Durchspülen ermöglichen. Bei pulsierenden Drücken kann es zweckmäßig sein, in der Druckleitung vor dem Feder-Manometer eine Luft- oder Ausgleichskammer anzuschließen.

3.7 *Manometer-Eichung*

3.7.1 *Vergleich der Ablesungen mit dem Ruhedruck p_0.* Vor und nach den Abnahmeversuchen sind die Manometerablesungen mit dem Ruhedruck p_0 im Meßquerschnitt der Turbinenzuleitung (bei $Q = 0$) zu vergleichen. Für die Berechnung von p_0 soll der Unterschied der barometrischen Drücke auf dem Oberwasserspiegel und am Aufstellort des Manometers berücksichtigt werden; bei sehr großen Fallhöhen ist außerdem die Kompressibilität des Wassers zu berücksichtigen. Der Ruhedruck p_0 als Manometerablesung in kp/cm² im Meßpunkt z (m) über dem Meeresspiegel und bei einem Barometerstand h_{b_0} (mm Quecksilbersäule) ermittelt sich aus der folgenden Formel für einen Oberwasserspiegel bei Kote z_H über dem Meeresspiegel und bei einem Barometerstand h_b Quecksilbersäule (Abb. 54):

$$p_0 = \frac{\gamma}{10} \cdot (z_H - z) + \Delta p_0 ,$$

dabei ist

$$\Delta p_0 = 1{,}3546 \cdot \frac{(h_b - h_{b_0})}{1{,}000} + 0{,}1 \cdot \int_z^{z_H} \gamma\,(p) \cdot dz .$$

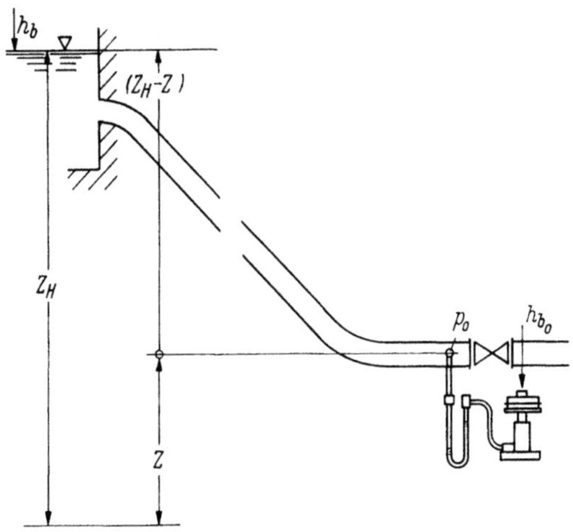

Abb. 54 — Berechnung von p_0.

$$p_0 = \frac{\gamma}{10}\,(z_H - z) + \Delta p_0.$$

Für Höhen z bis etwa 3000 m über dem Meeresspiegel und für Wassertemperaturen von 10 °C und $g = 9{,}81$ m/s² gibt die nachstehende Tabelle die Korrektur Δp_0 als Funktion von $(z_H - z)$ wie folgt an:

$z =$	0	1 000	2 000	3 000
$(z_H - z)$	Δp_0 (kg/cm²)			
200	−0,0147	−0,0114	−0,0094	−0,0071
400	−0,0088	−0,0031	0,0020	0,0061
600	0,0178	0,0263	0,0335	0,0399
800	0,0651	0,0769	0,0856	0,0940
1 000	0,1327	0,1464	0,1582	0,1686
1 200	0,2212	0,2371	0,2512	0,2634
1 400	0,3298	0,3486	0,3645	0,3788
1 600	0,4595	0,4804	0,4986	0,5146
1 800	0,6095	0,6328	0,6530	0,6709
2 000	0,7802	0,8057	0,8279	0,8475

Die Genauigkeit von p_0 hängt hauptsächlich von der Genauigkeit der Bestimmung der Höhen z und z_H ab.

Aus p_0 und den während der Abnahmeversuche gemessenen Werten p für verschiedene Werte Q kann die Verlusthöhe H_l als Funktion von Q berechnet werden; es ist

$$H_l + \frac{v^2}{2_g} = \frac{10}{\gamma} \cdot (p_0 - p) .$$

3.7.2 *Vergleich mit anderen Meßgeräten.* Federmanometer müssen im ganzen Meßbereich mit anderen genaueren Meßgeräten, wie z. B. Gewichtsmanometern, verglichen werden.

4. Unterdruckmessungen

4.1 *Allgemeines*

Die Messung von Unterdrücken kommt bei Abnahmeversuchen an Wasserturbinen nur selten vor. Solche Messungen können beispielsweise bei Anlagen gefordert werden, in denen kein ausgeprägtes Saugrohr vorhanden ist. In solchen Fällen muß ein Querschnitt des Austrittsrohres als Austrittsquerschnitt festgelegt werden, gemäß Abschn. II.2.2.2.

Für die Messung von Unterdrücken gelten alle Bemerkungen in Abschn. IX.3 mit den Ausnahmen, die in den folgenden Abschnitten IX.4.2 und IX.4.3 aufgeführt sind.

4.2 *Meßanschlüsse*

Eine Meßbohrung mit einem Durchmesser von 6 mm soll für die Meßanschlüsse, die für die Messung von Unterdrücken verwendet werden, vorgesehen werden.

4.3 *Meßleitungen*

Die Meßleitungen müssen entweder ganz mit Wasser gefüllt sein oder, wenn Luft verwendet wird, müssen die Meßleitungen zur Beobachtung des Wasserspiegels durchsichtig sein. Wenn solche Leitungen mit Wasser gefüllt werden, müssen diese sorgfältig und häufig zwischen den Versuchsreihen mit Wasser durchgespült werden, um Luft, die nicht mehr in Lösung ist oder durch die Meßanschlüsse eindringt, zu entfernen. Die Meßleitungen und die Anschlüsse der Meßgeräte sowie die Meßanschlüsse an der Rohrleitung müssen luftdicht sein.

Biegsame Schläuche dürfen als Meßleitungen nur dann verwendet werden, wenn sie nicht durch den Luftdruck zusammengedrückt werden können.

ABSCHNITT X — MESSUNG DER TURBINENLEISTUNG

1. Allgemeines

Die Leistung an der Turbinenwelle kann bestimmt werden:

entweder *direkt* mit Hilfe von Bremsen (mechanisch, hydraulisch oder elektrisch) oder mit Hilfe von Dynamometern (normalerweise Torsionsdynamometern),

oder *indirekt*, wenn die Turbine mit einem elektrischen Generator gekuppelt ist oder gekuppelt werden kann. Dabei werden die verschiedenen elektrischen und mechanischen Verluste, die in Abschn. II.2.7.2 angegeben sind, zur elektrischen Leistung des Generators hinzuaddiert.

2. Indirekte Methode der Leistungsmessung

Bei den indirekten Verfahren wird der elektrische Generator, der mit der Turbine gekuppelt ist, nicht nur als Bremse verwendet, die die Leistung der Turbine aufnimmt, sondern auch als Vorrichtung zur Messung der Leistung. Daher muß der Wirkungsgrad des Generators genau bei den gleichen Bedingungen hinsichtlich Belastung, Spannung, Leistungsfaktor, Drehzahl, Temperatur usw. ermittelt werden, die auch bei den Messungen an der Turbine vorhanden sein werden. Daher kann dieser Wirkungsgrad etwas von den vom Konstrukteur der Generatoren für Normalbedingungen garantierten Werten abweichen.

2.1 Bei der Ermittlung des Wirkungsgrades des elektrischen Generators sind sämtliche in der I.E.C.-Veröffentlichung 34-2 (1960) „Empfehlungen für die Bestimmung des Wirkungsgrades von elektrischen rotierenden Maschinen (mit Ausnahme von Fahrzeugmotoren)“ angegebenen Verluste zu berücksichtigen, sofern diese Vorschriften nicht mit den Forderungen der vorliegenden Vorschriften im Widerspruch stehen.

Wenn in den oben aufgeführten Unterlagen keine Einzelheiten über das für diese Messungen zu verwendende Verfahren enthalten sind, sollen die Bestimmungen einer der gültigen amtlichen nationalen Vorschriften befolgt werden, die zur Zeit der Auftragserteilung der Turbine von den Parteien auszuwählen sind.

Im allgemeinen wird der Wirkungsgrad eines elektrischen Generators durch indirekte Messungen ermittelt, wobei in der Hauptsache die Generatorverluste der Maschine festgestellt werden und die Annahme gemacht wird, daß diese Verluste die Differenz zwischen aufgenommener mechanischer Leistung und abgegebener elektrischer Leistung sind. In der Praxis werden die obengenannten „Gesamtverluste“ im allgemeinen entweder durch Einzelmessungen oder durch Berechnung der verschiedenen Einzelverluste und durch Zusammenzählen dieser Verluste ermittelt. Dieses Verfahren der Wirkungsgradmessung wird daher als die Methode der „getrennten Verluste“ bezeichnet.

Zwei verschiedene Methoden zur Messung der Verluste werden laufend verwendet:
die Auslaufmethode
und die kalorimetrische Methode, die auf der Erwärnumg des Kühlmediums beruht.

Die Auslaufmethode soll nach der I.E.C.-Veröffentlichung 34-2 (1960) Anhang II, S. 33, die kalorimetrische Meßmethode nach Abschn. XI.4 dieser Regeln durchgeführt werden.

2.2 *Messung der Leistungsabgabe an den Generatorklemmen*

Die Messung der Leistungsabgabe muß, falls überhaupt durchführbar, an den Generatorklemmen erfolgen. Wenn dies nicht durchführbar ist, muß die gemessene Leistung um die Verluste erhöht werden, die zwischen den Generatorklemmen und der Meßvorrichtung auftreten.

Falls keine internationale Vorschrift für elektrische Messungen besteht, sollen diese Leistungsmessungen entsprechend einer der national gültigen Vorschriften erfolgen, deren Wahl gemeinsam von den zwei Parteien bei Auftragserteilung festzulegen ist, wobei die folgenden Bestimmungen eingehalten werden müssen:

Bei den Versuchen an der Turbine muß der Generator möglichst bei Nennspannung betrieben werden. Bei Wechselstrommaschinen muß der Generator bei Nennfrequenz und mit dem Leistungsfaktor $\cos \varphi = 1$ betrieben werden. Wenn diese Bedingungen nicht erfüllt werden, muß dies bei der Berechnung der Verluste und der Leistung und bei der Abschätzung des wahrscheinlichen Meßfehlers entsprechend berücksichtigt werden.

Die elektrische Leistung soll mit Hilfe von abgeschirmten Wattmetern oder Wattstundenzählern Klasse 0,2 gemessen werden. Diese Instrumente sind wie nachstehend angegeben zu eichen. Die Meßwandler, die mit den Instrumenten verwendet werden, müssen ebenfalls der Klasse 0,2 angehören.

Wenn der Nullpunkt eines Drehstromgenerators herausgeführt und ans Netz oder an Erde angeschlossen ist, muß die 3-Wattmeter- (oder 3-Wattstundenzähler-)Methode verwendet werden (Abb. 55).

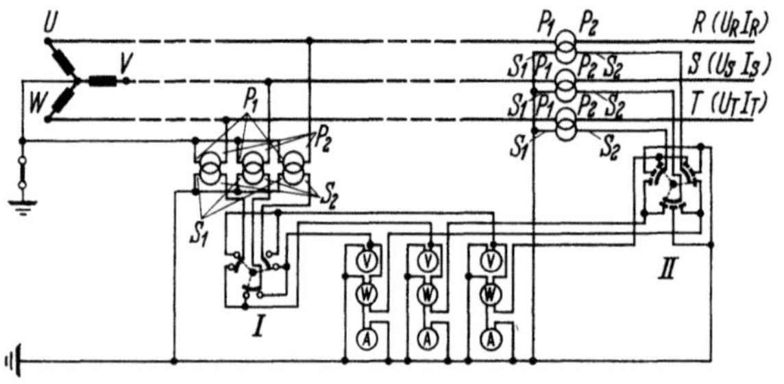

Abb. 55

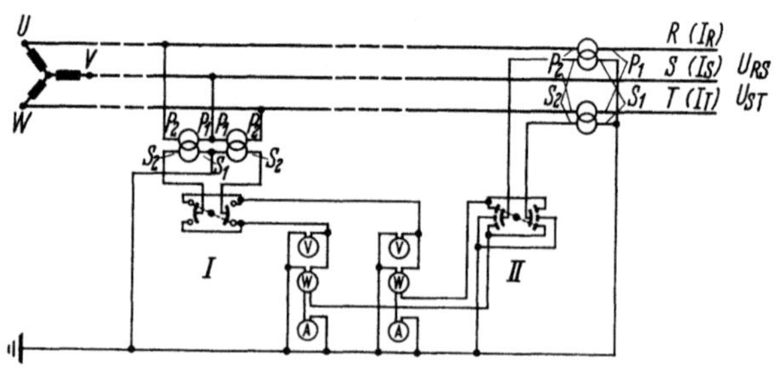

Abb. 56

Abb. 55 — Messung der Generatorklemmenleistung nach der 3 Wattmetermethode.

I Spannungsumschalter; *II* Stromumschalter.

Abb. 56 — Messung der Generatorklemmenleistung nach der 2 Wattmetermethode.

I Spannungsumschalter; *II* Stromumschalter.

Wenn der Nullpunkt des Generators herausgeführt ist, jedoch nicht ans Netz oder an Erde bei dem Versuch angeschlossen ist, kann entweder die 3-Wattmeter- (oder 3-Wattstundenzähler-)Methode oder die 2-Wattmeter- (oder 2-Wattstundenzähler-)Methode verwendet werden. Jedoch wird die Verwendung der 3-Wattmeter-Methode besonders empfohlen. Wenn der Nullpunkt des Generators nicht herausgeführt ist, soll die 2-Wattmeter-(2-Wattstundenzähler-)Methode verwendet werden (Abb. 56)

Eventuell muß bei den obengenannten Instrumenten eine Temperaturkorrektur vorgenommen werden. Bei sehr starken Temperaturschwankungen kann es empfehlenswert sein — dies trifft im besonderen auf Wattstundenzähler zu — die Instrumente in einem Behälter mit konstanter Temperatur anzuordnen.

Zusätzlich zur Leistungsmessung an den Klemmen wird empfohlen, die folgenden Werte mit Hilfe geeigneter Präzisionsinstrumente nachzuprüfen: Spannung, Strom in jeder Phase, Erregerstrom und Erregerspannung, die Temperatur in den Statorwicklungen sowie alle Faktoren, die zur Ermittlung der Verluste und der Leistung der Maschine bei den Prüfverhältnissen benötigt werden.

Wenn die Leistung mit direkt anzeigenden Instrumenten ermittelt wird, so hängt die Anzahl der Ablesungen von der Dauer des Versuchs und den Belastungsschwankungen ab. Die Anzahl der Ablesungen soll so groß sein, daß die mittlere Leistung während der Versuchsdauer möglichst genau berechnet werden kann. *Es wird empfohlen, die verschiedenen Wattmeter, die bei den Leistungsmessungen verwendet werden, gleichzeitig abzulesen.*

Wenn die Leistung mit Wattstundenzählern gemessen wird, sollen diese zusammen mit direkt anzeigenden Wattmetern verwendet und während jeder Messung gleichmäßig anhand dieser direkt anzeigenden Instrumente kontrolliert werden. Die Dauer der Aufzeichnung der integrierenden Instrumente soll mit Stoppuhren oder anderen Zeitmeßvorrichtungen gemessen werden, deren Genauigkeit so groß sein muß, daß die Zeit mindestens mit einer Genauigkeit von 0,1% gemessen wird. Die Leistung soll während der gleichen Zeit gemessen werden, während welcher die Wassermenge, die durch die Turbine hindurchfließt, gemessen wird. Wenn beispielsweise die Gibson-Methode verwendet wird, soll die Leistung gleich dem Mittelwert der Ablesungen sein, die während einer Zeit gemacht worden sind, die unmittelbar der Aufzeichnung des „Druck-Zeit"-Diagramms vorausgeht.

Mit Rücksicht auf eventuelle Ungenauigkeiten in den Nebenwiderständen (shunts) die bei den Messungen von starken Gleichströmen verwendet werden, kann die bei der Messung von Gleichstrom erzielte Genauigkeit beträchtlich kleiner sein als bei der Messung von Wechselströmen.

Zu einem Zeitpunkt, der möglichst kurzzeitig vor dem Beginn der Versuche liegt, sollen die Meßinstrumente über den gesamten Ablesebereich, der wahrscheinlich verwendet wird, besonders geeicht werden. Diese Eichung soll durch eine Eichstelle erfolgen, die gemeinsam von den Parteien ausgewählt worden ist.

Während der Turbinenmessungen sollen möglichst oft die Ablesungen der verschiedenen Instrumente untereinander verglichen werden, um dadurch die Konstanz der Eichung nachzukontrollieren. In strittigen Fällen soll eine Neu-Eichung möglichst bald nach Beendigung der Messungen erfolgen.

Mit Rücksicht auf die für elektrische Meßinstrumente (einschl. der Meßtransformatoren) geforderte Genauigkeit sollen die üblichen Schalttafelinstrumente nicht für Abnahmeversuche verwendet werden. Ebenso sollen Meßwandler für Wattmeter, Wattstundenzähler oder andere elektrische Meßinstrumente, die besonders für die Abnahmeversuche eingebaut wurden, nur für diesen Zweck verwendet werden. Sie dürfen nicht zu gleicher Zeit als Stromquelle für Meß- und Schutzkreise usw. der Anlage herangezogen werden. Eine Ausnahme ist nur zulässig, wenn die Parteien im gegenseitigen Einverständnis festgelegt haben, — dies ist eventuell durch eine Eichung nachzukontrollieren — daß die gleiche Meßgenauigkeit bei Verwendung bestimmter Schalttafel-Meßwandler erreicht werden kann (unter Berücksichtigung ihrer Güteklasse, ihrer Nennbelastung und ihrer Verwendungsbedingungen) wie sie bei besonderen Instrumenten und Transformatoren erzielt wird, die für die oben angegebenen Messungen reserviert worden sind.

3. Direkte Methode der Leistungsmessung

3.1 Das direkte Verfahren zur Messung der Leistung an der Turbinenwelle unter Verwendung von Bremsen läßt sich verhältnismäßig leicht anwenden. Es ist jedoch nur genau, wenn es sich um kleine Aggregate mit niedriger Leistung handelt. Gegebenenfalls muß jedoch dieses Verfahren auch bei Turbinen verwendet werden, die nicht für die direkte Kupplung mit einem Generator vorgesehen sind.

Das Torsionsdynamometer scheint allgemeiner verwendbar zu sein. Jedoch hat die Praxis gezeigt, daß eine genaue Eichung dieser Instrumente bei hohen Drehmomenten sehr schwierig ist.

In beiden Fällen muß die Drehzahl der Maschine genau gemessen werden (s. Abschn. VII).

3.2 *Messung unter Verwendung einer Bremse (mechanisch, hydraulisch oder elektrisch).*

Bei diesen Messungen sollen die folgenden Werte genau ermittelt werden:

Drehzahl der Welle der Bremse,

Länge des Hebelarmes der Bremse,

Taragewicht der Bremse.

Die Bremse soll so angeordnet werden, daß möglichst keine axialen oder seitlichen Kräfte auf die Turbinenwelle und Lager wirken können. Die durch Reibung in diesen Lagern vernichtete Leistung kann bei Vorhandensein derartiger Belastungen nicht der Turbine belastet, sondern muß zur berechneten Leistung hinzugefügt werden.

Bei Turbinen mit vertikalen Wellen muß die Bremse so aufgehängt werden, daß die Welle der Maschine nicht auf Biegung beansprucht wird.

Es ist dafür zu sorgen, daß die in der Bremse verwendete Kühlflüssigkeit kein unerwünschtes Reaktionsmoment verursacht. Wenn dies doch der Fall ist, so sind diese Reaktionskräfte bei der Berechnung entsprechend zu berücksichtigen. Ein mechanisches Bremsen einer Sekundärwelle, die von einem Riemen oder einem Seil angetrieben wird, ist für die Genauigkeit der Messung gefährlich und soll daher nicht angewendet werden.

Es sollen möglichst gleichzeitig und in gleichen Zeitabständen die hydraulische Leistung, die die Turbine aufnimmt, sowie die Bremsbelastung, die das Gleichgewicht herstellt, gemessen werden.

3.3 *Torsionsdynamometer-Messungen*

Ein Torsionsdynamometer kann aus einem besonderen Instrument bestehen, das an die mechanische Kraftübertragung eingebaut wird, die von der Turbine angetrieben wird, oder kann eine Turbinenzwischenwelle sein, deren Verdrehungswinkel unter Einwirkung des übertragenen Drehmoments gemessen wird.

In beiden Fällen muß möglichst an Ort und Stelle die Meßapparatur vor Beginn und am Ende der Messungen geeicht werden.

ABSCHNITT XI — MESSUNG UND AUFTEILUNG DER VERLUSTE

1. Allgemeines

Wie in Abschn. II.2.7.2 angegeben, soll die Nutzleistung P_t an der Turbinenwelle gleich der von der Welle des elektrischen Generators aufgenommenen Leistung sein zuzüglich der

a) verschiedenen Verluste, die bei der Berechnung der Leistung des Generators nicht berücksichtigt worden sind,

b) Leistung, die von bestimmten Hilfsmaschinen aufgenommen wird.

Um die Messung zu vereinfachen und dadurch Meßfehler möglichst auszuschließen, sollen während der Versuche möglichst alle Hilfsmaschinen, die von der Turbinenwelle angetrieben werden, abgekuppelt werden.

Die Verluste des elektrischen Generators ergeben sich aus dem Generatorwirkungsgrad, der, falls dies von einer der beiden Parteien als notwendig erachtet wird, durch einen besonderen Versuch zu ermitteln ist. Das Meßverfahren soll im gegenseitigen Einvernehmen zwischen Lieferant und Käufer festgelegt werden.

Die Versuche können sowohl beim Hersteller als auch in der Anlage durchgeführt werden. Im ersten Fall sind alle Verluste bekannt und können den Bedingungen angepaßt werden, die bei den Abnahmeversuchen in der Anlage zu erwarten sind. Besondere Sorgfalt muß darauf verwendet werden, daß die Ventilationsverluste während der Versuche im Werk und während der Abnahmeversuche in der Anlage gleich sind.

Im zweiten Falle sollte der Turbinenläufer von der Generatorwelle getrennt werden. Wenn das nicht möglich ist, kann der Turbinenläufer in Luft mitlaufen. Er verursacht dann zusätzlich Ventilationsverluste. Weitere Einzelheiten sind XI.2.4.1 zu entnehmen. In beiden Fällen kann die Auslaufmethode angewendet werden.

Wenn es nicht möglich ist, den Turbinenläufer in Luft laufen zu lassen, sollte das kalorimetrische Verfahren angewendet werden.

2. Mechanische Verluste

2.1 *Messung der mechanischen Verluste*

Die Reibungsverluste in den Druck- und Führungslagern sollen möglichst durch Wasserstrommessungen und durch Messen der Erwärmung der Kühlflüssigkeit, die dabei verwendet wird, erfaßt werden. Wenn eine direkte Messung nicht möglich ist, sollen im gegenseitigen Einvernehmen die Verluste geschätzt werden, entweder durch Heranziehen von Vergleichswerten oder unter Verwendung bekannter Erfahrungs-Formeln[1].

Die von den verschiedenen elektrisch angetriebenen Kühlpumpen, Tachometern, Reglern usw. aufgenommene Leistung soll durch Messen der elektrischen Leistung, die die Motoren aufnehmen, ermittelt werden. In schwierigen Fällen soll die von den Pumpen aufgenommene Leistung durch

[1] Siehe z. B. ASEA Journals 5 und 6 (1947).

Messen des Wasserstromes und des Förderdrucks geschätzt werden, wobei der gesamte Wirkungsgrad, der z. B. aufgrund von Prüffeldmessungen bekannt ist, berücksichtigt werden muß. Die Leistung, die von anderen Hilfsmaschinen aufgenommen wird, kann in den meisten Fällen geschätzt werden, da sie im allgemeinen gering ist. In Ausnahmefällen, bei denen eine Schätzung als zu ungenau angesehen werden kann, sollte eine direkte Messung, z. B. mit einem Torsionsdynamometer, durchgeführt werden.

2.2 *Ventilationsverluste von offenen Schwungrädern*

Ventilationsverluste von offenen Schwungrädern können angenähert aufgrund der nachstehenden Formel berechnet werden:

$$P_v = 0{,}35 n^3 D_a^5 (1 + 1{,}8\, B/D_a) \cdot 10^{-9}\,,$$

wobei

P_v = Ventilationsverlust in kW,

n = Drehzahl des Schwungrads in U/min,

D_a = Außendurchmesser des Schwungrades in m,

B = Kranzbreite in m.

2.3 *Verluste in der mechanischen Hauptkraftübertragung*

Die Leistungsverluste in den Teilen der Kraftübertragung, die zwischen dem Wellenlager des Turbinenlaufrades und dem System zur Messung der Leistung liegen (z. B. ein elektrischer Generator) sollen möglichst getrennt unter den gleichen Verhältnissen wie bei den Turbinenabnahmeversuchen gemessen werden. Die Verluste in einem Übersetzungsgetriebe oder in Druck- oder Führungslagern usw. können durch Messen der vom Schmieröl (oder vom Kühlwasser) und von der umgebenden Luft aufgenommenen Wärme ermittelt werden.

2.4 *Korrekturen zur Berücksichtigung der Luftreibungsverluste bei bestimmten Meßverfahren zur Ermittlung der Generatorverluste*

Es ist oft unmöglich oder unzweckmäßig, während der Versuche, die zur Messung der Verluste im Generator selbst durchgeführt werden, die Turbine vom Generator, der die Turbine antreibt, abzukuppeln. In solchen Fällen müssen bei bestimmten Meßverfahren (solche, bei denen der Generator als Motor ohne Belastung läuft, Auslaufversuche ohne Belastung und Kurzschlußversuche) bestimmte Zusatz-Verluste berücksichtigt werden. Vielfach sind diese Zusatz-Verluste verhältnismäßig klein gegenüber den Reibungs- und Ventilationsverlusten des Generators selber. Trotzdem sollten diese Verluste durch eine geeignete Korrektur berücksichtigt werden:

a) Ventilations- und Reibungsverluste des in Luft umlaufenden Turbinenlaufrades,

b) Erhöhte Verluste im Drucklager durch das Gewicht des Turbinenlaufrades,

c) Verluste im Lager oder in den Lagern und in den Dichtungspackungen der Turbine.

2.4.1 *Reibungs- und Ventilationsverluste des in Luft umlaufenden Turbinenlaufrads.* Die Ventilationsverluste P_v in kW des in Luft umlaufenden Laufrades können mit Hilfe der nachstehenden Formel berechnet werden, die für alle Turbinentypen gilt:

$$P_v = \frac{\gamma_a}{g} \cdot K_v \cdot n^3 \cdot D^5 \cdot 10^{-6}\,,$$

wobei

γ_a/g = spezifische Luftmasse (0,132 kg Masse pro m³ bei 20 °C),

K_v = Koeffizient, der durch Versuche ermittelt wird und vom Turbinentyp abhängt,

n = Drehzahl der Turbine pro Minute,

D = Außendurchmesser des Turbinenlaufrades in m. Dies gilt für Kaplan- und Peltonlaufräder. Bei Francisturbinen ist D der Austrittsdurchmesser des Laufrades.

Der Koeffizient K_v kann wie folgt ermittelt werden:

A. *Kaplanturbinen* (Schaufeln in geschlossener Stellung)

$$K_{vk} = \frac{0{,}04}{n^{0,2} \cdot D^{0,4}} \text{ bis } \frac{0{,}05}{n^{0,2} \cdot D^{0,4}}.$$

B. *Francisturbinen* (ohne Benetzung der Labyrinthdichtungen). K_{vf} wird durch die folgende Formel wiedergegeben:

$$K_{vf} = \frac{1}{n^{0,2} \cdot D^{0,4}} \cdot \left[0{,}2 + 0{,}03 \left(\frac{n_s - 140}{100} \right)^2 \right],$$

wobei

$n_s = \frac{n \cdot P_t^{0,5}}{H_n^{1,25}}$; dies ist die spezifische Drehzahl einer Francisturbine,

P_t = Leistung einer Turbine bei maximalem Wirkungsgrad,

H_n = Fallhöhe an der Turbine in m,

n = Drehzahl der Turbine in U/min.

C. *Peltonturbinen*[1]

Wenn kein Gehäuse vorhanden ist, können die folgenden Formeln verwendet werden:

Für Laufräder aus einem Stück gegossen:

$$K_{vP_0} = 0{,}01 + 12{,}40 \left(\frac{B_a}{D_a} \right)^4.$$

Für Laufräder mit angeschraubten Schaufeln:

$$K_{vP_0} = 0{,}035 + 0{,}25 \left(\frac{B_a}{D_a} \right).$$

Bei diesen Formeln ist

B_a = maximale Schaufelbreite in m,

D_a = maximaler Raddurchmesser in m.

Die Verluste für ein ähnliches im Gehäuse eingebautes Laufrad erhält man aus den mit Hilfe der obengenannten Formeln ermittelten Werten durch Multiplikation mit einem Koeffizienten K_{vP}/K_{vP_0}, der kleiner ist als 1. Die verhältnismäßigen Abmessungen der Gehäuse werden durch die Abmessun-

[1] GERBER, H.: Ventilations-Verluste von Freistrahlturbinen-Laufrädern. Bulletin Schweiz. Elektrotechn. Verein 1956, No. 9.

gen B_i und R_i, gemessen in m, gemäß den Abb. 57 und 58 wiedergegeben. Wenn der Index o sich auf den oberen Teil und der Index u auf den unteren Teil der Maschine bezieht
und

$$\frac{B_i}{B_a} \cdot \frac{b}{D_a} = \frac{B_i}{B_a} \cdot \frac{(B_i - B_a)}{2\,D_a}$$

und

$$R_i - R_a = R_i - 0{,}5\,D_a$$

ist, so werden die Werte $K_{v_P}/K_{v_{P_0}}$ durch die Abb. 59 und 60 für Laufräder aus einem Stück und durch die Abb. 61 und 62 für Laufräder mit angeschraubten Schaufeln wiedergegeben. Der mittlere Koeffizient wird aus den nachstehenden Formeln berechnet:

Peltonturbine mit horizontaler Welle:

$$(K_{v_P}/K_{v_{P_0}})_m = 0{,}5\,(K_{v_P}/K_{v_{P_0}}) \quad \text{unterer Teil}$$
$$+\,0{,}5\,(K_{v_P}/K_{v_{P_0}}) \quad \text{oberer Teil.}$$

Peltonturbine mit vertikaler Welle:

$$(K_{v_P}/K_{v_{P_0}})_m = 0{,}3\,(K_{v_P}/K_{v_{P_0}}) \quad \text{unterer Teil}$$
$$+\,0{,}7\,(K_{v_P}/K_{v_{P_0}}) \quad \text{oberer Teil.}$$

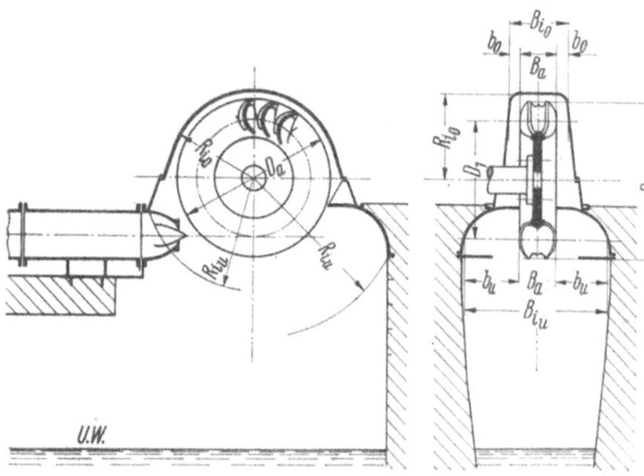

Abb. 57

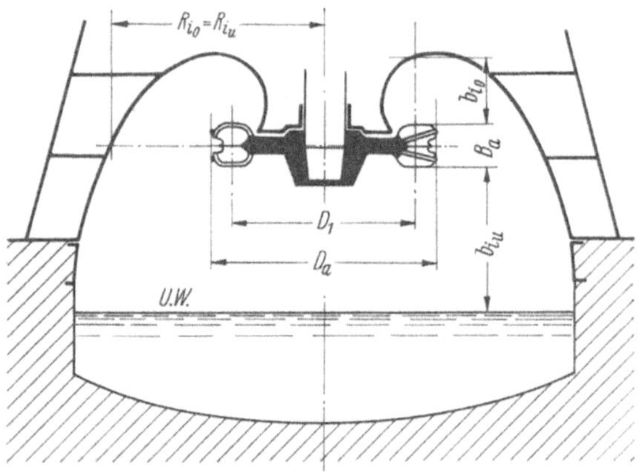

Abb. 58

Abb. 57 — Gehäusebezeichnungen für Peltonturbinen mit horizontaler Welle.

R_{io} Entfernung zwischen Wellenmitte und höchstem Punkt des Gehäuses; R_{iu} Entfernung zwischen Wellenmitte und Unterwasserspiegel, in Wirklichkeit nur bis zum Ende der Abrundung beim Übergang zur unteren Hälfte des Gehäuses (gewöhnlich ist $R_{iu}/R_{io} > 2$); B_{io} bzw. B_{iu} Gehäusebreiten in dem höchsten und tiefsten Punkt von D_1 gemessen.

Abb. 58 — Gehäusebezeichnungen für Peltonturbinen mit stehender Welle.

$R_{io} = R_{iu}$ Abstände in der Höhe der Laufradebene gemessen; b_{io} oberer Abstand gemessen auf dem Durchmesser D_1; b_{iu} unterer Abstand bis zum Unterwasserspiegel.

In bestimmten Fällen können bei Kaplan- und Francisturbinen die Ventilationsverluste P_v für ein Laufrad, das in Luft umläuft, durch Messen der Leistung ermittelt werden, die das gleiche Laufrad bei geschlossenen Leitschaufeln beim Umlaufen in Wasser aufnimmt. Die vom Generator aufgenommene Leistung abzüglich der Eigenverluste stellt dann die Leistungsverluste des in Wasser umlaufenden Laufrades dar.

Unter Berücksichtigung der verschiedenen spezifischen Gewichte und kinematischen Viskositäten von Luft und Wasser erhält man die Verluste des in Luft umlaufenden Laufrads, in dem man diesen so ermittelten Wert durch 500 teilt.

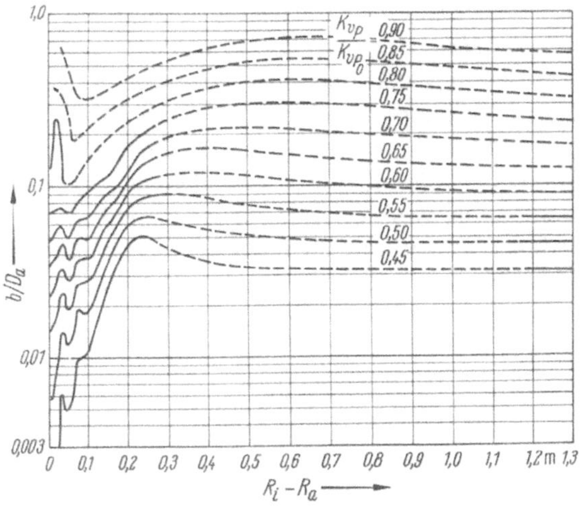

Abb. 59 — Gehäuseeinfluß bei Laufrädern, die in einem Stück gegossen sind.

——— gemessen, - - - - - - - - - extrapoliert, beide für K_{vp}/K_{vp_0} = const.

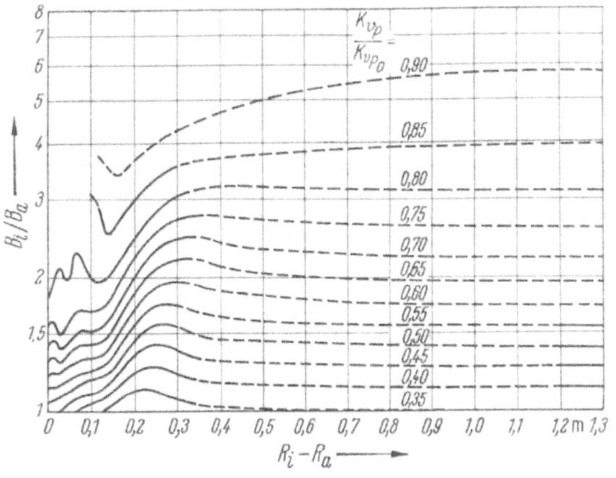

Abb. 60 — Gehäuseeinfluß bei Laufrädern, die in einem Stück gegossen sind.

——— gemesen, - - - - - - - - - extrapoliert, beide für K_{vp}/K_{vp_0} = const.

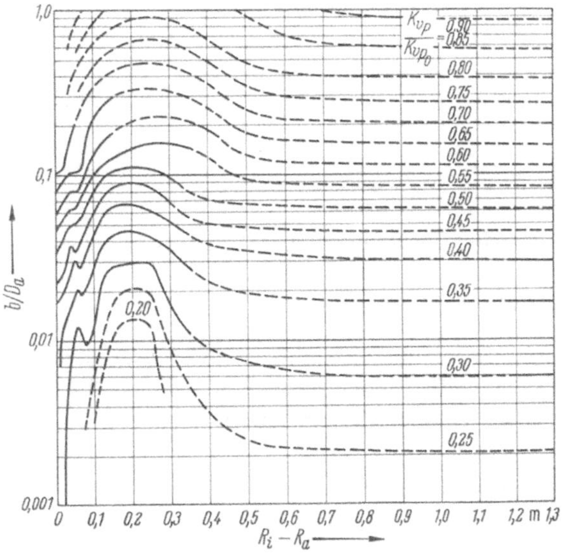

Abb. 61 — Gehäuseeinfluß bei Laufrädern mit angeschraubten Schaufeln.

——— gemessen, - - - - - - - extrapoliert, beide für K_{vp}/K_{vp_0} = const.

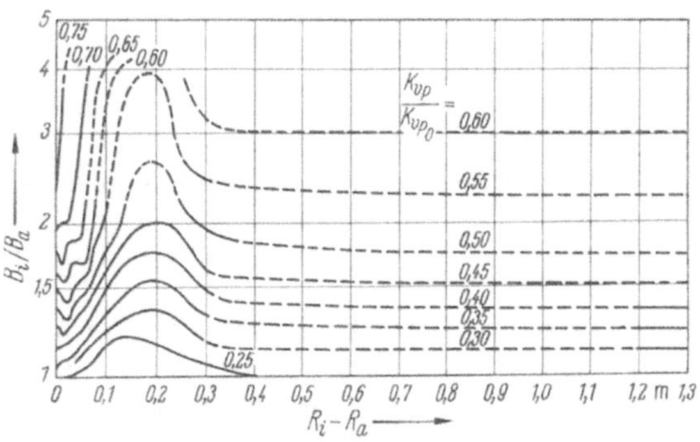

Abb. 62 — Gehäuseeinfluß bei Laufrädern mit angeschraubten Schaufeln.

——— gemessen, - - - - - - - extrapoliert, beide für K_{vp}/K_{vp_0} = const.

2.4.2 *Korrektur zur Berücksichtigung der Reibungsverluste im Drucklager des Generators als Folge der zusätzlichen Belastung durch das Gewicht des Turbinenläufers (bei Aggregaten mit vertikaler Welle).* Während der Messung der Generatorverluste unter Verwendung des oben beschriebenen Verfahrens wird das Drucklager durch das Gewicht G_r des Generatorläufers mit Welle und durch das Gewicht des Turbinenlaufrades mit Welle zuzüglich des Axialschubes G_t, der auf das Laufrad wirkt, belastet. Die Gesamtbelastung ist also $G_r + G_t$. Wie bereits oben erwähnt, sollten die Reibungsverluste im Drucklager möglichst über die Wärme erfaßt werden, die von der Kühlflüssigkeit und durch die Wandungen des Lagers abgeführt wird. Diese Verluste können mit ausreichender Genauigkeit berechnet werden, wenn Temperatur und Viskosität des Öls bekannt sind. Hierfür gelten die folgenden Beziehungen:

Bei einem Lager, bei dem die Segmente

einen Außendurchmesser d_o und

einen Innendurchmesse d_i haben,

ist die radiale Breite eines Segmentes

$$b = 0{,}5\,(d_o - d_i) \text{ (in m)}$$

und die tangentiale mittlere Länge:

$$l = \frac{0{,}85\,\pi\,(d_o + d_i)}{2\,N}$$

(N = Anzahl der Segmente, normalerweise zwischen 8 und 10); der Reibungskoeffizient wird aus der folgenden Formel ermittelt:

$$f = 2{,}5\sqrt{\frac{\eta \cdot v_m}{p \cdot l}}\,,$$

wobei

η der Koeffizient der absoluten Viskosität des Öls $kg \cdot s \cdot m^{-2}$ ist,

v_m die mittlere Geschwindigkeit des umlaufenden Teils des Drucklagers:

$$v_m = \frac{\pi\,n\,(d_o + d_i)}{60 \cdot 2} \text{ (in m/s)}$$

und p der spezifische Druck auf das Drucklager:

$$p = \frac{G_r + G_t}{N \cdot b \cdot l} \text{ (in kg/m}^2\text{)}\,.$$

Die entsprechenden Reibungsverluste können dann wie nachstehend angegeben ausgedrückt werden:

$$P_{b\,(r+t)} = (G_r + G_t) \cdot f \cdot v_m \cdot 9{,}81 \cdot 10^{-3} \text{ (in kW)}\,.$$

Wenn der oben berücksichtigte Verlust anteilmäßig auf die Belastungen G_r und G_t, die auf das Drucklager durch den Generator bzw. die Turbine einwirken (entsprechend Abschn. II.2.7.2 dieser Regeln), aufgeteilt werden soll, soll der elektrische Generator mit einem Anteil von

$$P_{br} = \frac{G_r}{G_r + G_t} \cdot P_{b\,(r+t)}$$

und die Turbine mit einem Anteil von

$$P_{bt} = \frac{G_t}{G_r + G_t} \cdot P_{b\,(r+t)}$$

belastet werden.

Bemerkung: Die Verluste in den Dichtungen an der Turbinenwelle können vernachlässigt werden.

2.4.3 *Reibungsverluste in den Führungslagern der Turbine.* Diese Verluste können aufgrund der nachstehenden Formel berechnet werden:

$$P_{gb} = \frac{1.6 \cdot \eta \cdot n^2 \cdot d^3 \cdot l}{\delta} 10^{-4} \quad \text{(in kW)},$$

wobei

η = Viskosität des Öls (in $kg \cdot s \cdot m^{-2}$),

d = Durchmesser des Zapfens (in m),

l = Länge des Zapfens (in m),

δ = Gesamtradialspiel (in m).

3. Wasserverbrauch durch Hilfsmaschinen und Geräte

3.1 Auf jeden Fall sind schon zum Zeitpunkt der Auftragserteilung der gesamte Wasserbedarf und die entsprechenden Betriebsdrücke für die Hilfsmaschinen und Instrumente, die für einen einwandfreien Betrieb der Turbine benötigt werden, anzugeben. Die Werte können während der Abnahmeversuche eingestellt werden.

3.2 Entsprechend den Angaben im Abschn. II.2.1.1 sollen die Wasserströme, die für den Betrieb des elektrischen Generators für die Hilfsmaschinen und für die Kühlung der Lager benötigt werden, nicht zum Wasserstrom der Turbine addiert werden. Dies gilt im besonderen, wenn das Wasser dem Wasserstrom der Turbine flußabwärts vom Meßpunkt entnommen wird. In diesem Fall ist dieser Wasserstrom während der Abnahmeversuche getrennt zu ermitteln und vom Wasserstrom in Abzug zu bringen, der am Meßpunkt während der Versuche gemessen worden ist.

4. Bestimmung des Wirkungsgrades eines elektrischen Generators durch Messung der Erwärmung des Kühlmittels

4.1 *Allgemeines*

Bei Maschinen, die so konstruiert sind, daß sie durch ein von außen zugeleitetes Kühlmittel gekühlt werden, kann der größte Teil der Verluste durch Messung der von dem Kühlmittel abgeführten Wärmemenge bestimmt werden.

Die Ermittlung der Verluste erfolgt durch Messung der Temperaturdifferenz des Kühlmittels zwischen Eintritt und Austritt, sobald sich der thermische Beharrungszustand eingestellt hat. Von den zwei aufgeführten Methoden verlangt nur die zweite die Messung der Durchflußmenge oder anderer Größen, die diese bestimmen.

Die Verluste der Maschine, die nicht von dem Kühlmittel abgeführt werden, sind:

Verluste, die in Form von Wärme durch das Fundament abgeleitet werden; sie sind nicht meßbar, aber vernachlässigbar.

Verluste, die durch Veränderung der kinetischen Energie des Kühlmittels innerhalb der Maschine auftreten, wenn das Kühlmittel ein Gas ist. Diese Verluste können berechnet werden, sind aber fast immer vernachlässigbar.

Verluste, die in Form von Wärme durch das Gehäuse der Maschine an die umgebende Luft abgeführt werden. Diese können dadurch abgeschätzt werden, daß man pro Quadratmeter Gehäuseoberfläche 10 Watt pro Grad Temperaturdifferenz zwischen Gehäuse und umgebender Luft ansetzt.

Für Generatoren großer Leistung sind die obengenannten Verluste stets sehr klein (maximal 1% bis 2% der Gesamtverluste).

Verluste, die außerhalb des Kühlkreislaufes anfallen, wie insbesondere die Verluste in den Erregermaschinen (die aber mit genügender Genauigkeit aus den Kennlinien der Maschinen ermittelt werden können), oder die Lagerreibungsverluste ganz oder teilweise, je nachdem, ob sie ganz oder nur teilweise außerhalb des Kühlkreislaufes liegen. Im allgemeinen sind diese Lager selbst wieder durch einen unabhängigen Kühlkreislauf gekühlt, bei dem ebenfalls die abgeführte, den anfallenden Verlusten entsprechende Wärmemenge, gemessen werden kann.

Die in folgendem beschriebenen Methoden verlangen keinen schwierigen Aufbau. Die elektromagnetischen Verluste werden unter normalen Arbeitsbedingungen der Maschine gemessen (Verteilung des magnetischen Flusses, Wirbelstromverluste, Temperatur der Eisenkerne und Leiter). Die Messungen können ausgeführt werden, ohne daß die Turbine abgekuppelt oder sogar ohne daß sie entleert werden müßte.

4.2 *Verlustmessung durch Messung der Erwärmung der Kühlluft*

4.2.1 *Grundsätzliches.* Das Volumen der Kühlluft eines Generators bei Nenndrehzahl ist fast konstant, unabhängig von der abgegebenen Leistung. Auf Grund dieser Tatsache ist die Temperaturerhöhung der Luft zwischen Eintritt und Austritt des Generators nahezu proportional zu den inneren Verlusten der Maschine. Diese Verluste können deshalb dadurch bestimmt werden, daß man die Erwärmung der Kühlluft, nach vorangegangener Eichung, mißt. Zusätzlich müssen noch die magnetischen Verluste der ohne Last laufenden Maschine bestimmt werden.

Die Anwendung dieser Methode verlangt deshalb:

die Aufnahme der magnetischen Verluste eines Generators ohne Last,

die Eichung der Erwärmung der Kühlluft,

das Fahren mit verschiedenen Belastungen, um die Verluste unter Last zu bestimmen.

4.2.2 *Versuche für die Messung der Verluste ohne Last.* Die magnetischen Verluste ohne Last werden bestimmt durch Messung der Änderung der Verluste in Abhängigkeit von der Spannung, wenn der Generator entweder als Motor oder als Synchrongenerator und bei Leerlaufdrehzahl mit einem $\cos\varphi$ von nahezu eins läuft.

Um eine solche Operation durchzuführen, wird das Leitrad der Turbine geschlossen, oder bei einer sehr kleinen und genau konstanten Öffnung festgehalten (die Öffnung soll nahezu der bei Leerlaufdrehzahl der Maschine entsprechen), und es wird der betreffende Generator mit einem anderen Generator, dessen Klemmenspannung verändert werden kann, elektrisch gekuppelt.

Nach Abzug der Stromwärme-Verluste, die überdies vernachlässigbar sind, und unter der Berücksichtigung der für die Erregung erforderlichen Leistung, die leicht gemessen werden kann, ergibt die Differenz der Leistungen an den Generatorklemmen aus zwei Versuchen, dem einen bei der Spannung null und dem anderen bei irgend einer anderen Spannung, die magnetischen Verluste des Generators im Leerlauf bei der betreffenden Spannung.

Die Ordinate am Ursprung der Kurve „Leistung als Funktion der Spannung", kann in beliebiger Größe angenommen werden. Es ist jedoch erwünscht, sie so klein wie möglich zu machen, damit diese Leistung innerhalb eines präzis meßbaren Bereiches bleibt.

Es wird auch empfohlen, daß am Ende der Versuche einer der zuerst gemessenen Punkte nochmals eingestellt wird, um zu prüfen, ob sich während der Versuchsreihe die Leitrad-Öffnung (oder ein anderer den Betriebszustand der Turbine kennzeichnender Parameter) geändert hat und ob die zugeführte oder abgegebene Leistung während der Versuchsreihe konstant geblieben ist.

4.2.3 *Die Eichung der Erwärmung der Kühlluft.* Die Eichung der Erwärmung der Kühlluft wird durchgeführt beim Betrieb der Maschine als Synchrongenerator mit Nenndrehzahl und durch gleichzeitige Messung der Temperaturdifferenz der ein- und austretenden Luft auf der einen Seite und der Klemmenspannung auf der anderen Seite.

Die Erwärmung kann mit normalen Thermometern, mit Thermoelementen oder Widerstandsthermometern gemessen werden. Im zuletztgenannten Fall werden gleiche Widerstandsthermometer, eines am Eintritt, das andere am Austritt des Kühlkreislaufes der Maschine angebracht. Sie bilden zwei Stromzweige einer Wheatstoneschen Brücke. Die Brücke kann ins Gleichgewicht gebracht werden durch einen in Serie mit dem kalten Widerstand geschalteten Hilfswiderstand. In der Praxis wird die Größe dieses Widerstandes proportional der Temperaturdifferenz sein.

Die Eichversuche bestehen darin, daß man nacheinander verschiedene Klemmenspannungen einstellt und für jede den Wert des Hilfswiderstandes mißt, sobald sich der Beharrungszustand eingestellt hat.

Für jede im Verlauf dieser Versuche gemessene Spannung wird die von dem Generator bei Leerlauf verbrauchte Leistung erhalten, abzüglich der Verluste in der Erregermaschine (wenn ihre Kühlung von der des Generators getrennt ist), abzüglich der Verluste durch die Stromwärme in den Windungen (in der Praxis vernachlässigbar), und abzüglich der Verluste durch die nach außen abgestrahlte Wärmeleistung (im allgemeinen sehr klein). Deshalb stellen die bei der Eichung erhaltenen Leistungen, innerhalb kleiner Abweichungen, die inneren Verluste der Maschine dar, die zur Temperaturerhöhung der Kühlluft beitragen.

Wenn man die so ermittelte Leistung in Abhängigkeit der Temperaturdifferenz (oder der Werte des Hilfswiderstandes bei Verwendung von Widerstandsthermometern) aufträgt, wird sich eine gerade Linie ergeben, die durch den geradlinigen Verlauf der Eichkurve der Kühllufterwärmung begründet ist.

4.2.4 *Aufteilung der Generatorleerlaufverluste.* Die geradlinige Eichkurve der Kühllufterwärmung ermöglicht eine Trennung gewisser Verluste bei Leerlaufleistung des Generators.

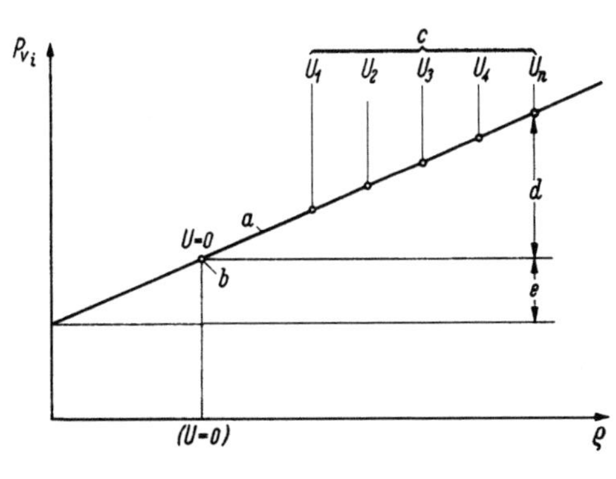

Abb. 63. — Trennung der Verluste.

P_{v_i} innere Verluste des Generators; ϱ Unterschiede im Widerstand; *a* geradlinige Eichkurve; *b* Betriebspunkt bei Nullspannung; *c* Eichpunkte bei verschiedenen Spannungen U; *d* magnetische Verluste ohne Belastung bei der Spannung U_n, + Stromwärmeverluste im Rotor; *e* Ventilationsverluste.

Aus dem Versuch bei Spannung null ergibt die Abszisse ($u = 0$) einen Wert für die Extrapolation der Verlustkurve ohne Last (Leerlaufverlustkurve, Abb. 63). Tatsächlich ist der am Anfang der Versuche für die Wärmezunahme der Kühlluft ermittelte Wert durch die Extrapolation einer geraden Linie festgelegt.

Die Ordinate für den Abszissennullpunkt der Eichkurve stellt eine beliebige Leistung dar, in der auch Verluste eingeschlossen sind, die nicht zu der Erwärmung der Kühlluft des Generators beitragen. Die Differenz der Ordinaten einerseits im Abszissennullpunkt der Erwärmungskurve und andererseits im Betriebspunkt des Generators ohne Last und bei Spannung null stellt die Ventilationsverluste des Generators dar.

4.2.5 *Bemerkungen.* Die Leistung, die während der Messungen bei Leerlauf erhalten wurde, hängt von der Öffnung des Turbinenleitapparates während der Versuche ab. Mit anderen Worten: Die Ordinate im Abszissennullpunkt der geradlinigen Eichkurve ist vollständig willkürlich, jedoch sollte ihr Wert so klein wie möglich gehalten werden, um die Genauigkeit der Messung zu erhöhen.

Deshalb ist es notwendig, unabhängig davon die mechanischen Verluste zu bestimmen, die nicht zu der Erwärmung der Kühlluft beitragen, so z. B. die durch die Reibung im Spurlager und den Führungslagern entstehenden Verluste. Diese Hilfsmessung wird allgemein durch Bestimmung der Erwärmung des Lagerkühlmittels durchgeführt.

4.2.6 *Messung der Generatorverluste unter Last.* Die Eichkurve für die Erwärmung des Kühlmittels des Generators ermöglicht die Bestimmung der Generatorverluste in jedem Betriebspunkt.

Sobald ein solcher Betriebspunkt eingestellt ist, wird der Wert des Hilfswiderstandes (im Beharrungszustand) ermittelt, und unter Berücksichtigung der Korrektur für die abgestrahlte Verlustwärme erhält man die gesamten *inneren* Generatorverluste für den gewählten Betriebspunkt.

Nach Abzug der Leerlaufverluste bei der in diesem Betriebspunkt auftretenden Spannung und der für die Erregermaschine notwendigen Leistung ergeben sich die Generatorverluste unter Last, d. h. die Stromwärme-Verluste und die magnetischen und elektrischen Verluste. Die Bestimmung dieser Verluste ist um so genauer, je näher die gemessenen Werte für die Widerstandsänderungen bei den für die Eichkurve gefundenen Werten liegen. Auf Grund dieser Tatsache ist es ratsam, die Eichversuche bis zu der maximal möglichen Spannung durchzuführen, vorausgesetzt, daß dies mit den normalen Sicherheitsangaben für den Generator verträglich ist.

Um die gesamten Generatorverluste zu bekommen, muß man zu den oben ermittelten inneren Verlusten diejenigen Verluste hinzurechnen, die nicht zu der Erwärmung der Kühlluft beitragen. Diese sind:

die durch das Gehäuse nach außen abgegebene Verlustwärme,
die Verluste in der Erregermaschine,
die Verluste in den Lagern.

4.3 *Bei den Versuchen zu treffende Vorsichtsmaßregeln*

4.3.1 *Messung der Temperaturdifferenz.* Die Methode basiert auf der Annahme, daß die Mischung der Luft am Eintritt und Austritt der Maschine so intensiv ist, daß eine gleichförmige Temperaturverteilung über die Meßquerschnitte gewährleistet wird. Um die Fehler, die durch ungleichförmige Temperaturverteilung in den Meßquerschnitten entstehen, möglichst zu verkleinern, ist es ratsam, die mittlere Temperatur des Meßquerschnittes zu nehmen. Diese erhält man z. B. durch möglichst gleichförmig über die Meßquerschnitte verteilte, auf einen Rahmen aufgespannte Widerstandsdrähte.

Es ist ferner zu empfehlen, ein oder mehrere Widerstandspaare zur Aufnahme der Temperaturdifferenz zu verwenden, um die Übereinstimmung der einzelnen Meßinstrumente zu prüfen.

4.3.2 *Korrektur auf Grund der Reibungsverluste des Kühlmediums.* Bei einem Generator mit geschlossenem Kühlkreislauf müssen zu den Ventilationsverlusten die entsprechenden Reibungsverluste des Kühlmediums addiert werden.

4.3.3 *Korrektur der Lufteintrittszustände.* Bei einem Generator mit offenem Kühlkreislauf können am Kühllufteintritt während der Versuchsreihe verschiedene Drücke und Temperaturen vorkommen. Wenn diese Veränderungen wesentlich sind, dann müssen die Meßergebnisse der Temperaturdifferenzmessung (oder des Hilfswiderstandes) durch Multiplikation eines jeden Punktes mit dem Faktor

$$\frac{p \cdot v}{T}$$

korrigiert werden, wobei

$p =$ den absoluten mittleren Druck der Kühlluft,

$v =$ ihre mittlere Geschwindigkeit,

$T =$ ihre absolute Temperatur

bedeuten.

4.3.4 *Ermittlung der geradlinigen Eichkurve für die Erwärmung der Kühlluft.* Obwohl man diese Kurve bereits durch zwei Meßpunkte erhalten kann, ist es ratsam, vier oder fünf Eichpunkte aufzunehmen. Dadurch erhält man einerseits ein Kriterium für die Streuung der Meßpunkte und andererseits den genaueren Anstieg der Geraden, was insbesondere kleinere Fehler bei der Extrapolation der Geraden nach dem Minimum zur Ermittlung der Ventilationsverluste, oder nach dem Maximum zur Ermittlung der elektrischen Verluste in der Nähe der Vollast ergibt.

4.3.5 *Dauer der Versuche.* Die Hauptnachteile der „Eichkurvenmethode" sind die große Anzahl der notwendigen Versuche (zwischen 8 und 12 je nach den Umständen) und die Dauer von einigen Stunden, die jeder Versuch verlangt, bis sich der thermische Beharrungszustand eingestellt hat. Es ist möglich, die Dauer eines jeden Versuches merklich abzukürzen, wenn nicht der thermische Beharrungszustand der Maschine in jedem Betriebspunkt gesucht wird, sondern wenn im Gegenteil der Betriebspunkt so verändert wird, daß sich ein im voraus festgelegter Erwärmungszustand der Luft einstellt.

4.4 *Methode zur Messung des Durchflusses und der Erwärmung des Kühlwassers*

Diese Methode findet ihre Anwendung bei Generatoren mit einem geschlossenen Kühlluftkreislauf, bei dem die Wärme, die den Generatorverlusten entspricht, durch das Kühlwasser abgeführt wird. Das ist die genaueste Meßmethode, da sich die Wärmemenge direkt mit der Durchflußmenge und der Temperaturerhöhung des Kühlwassers berechnen läßt.

Die vom Kühlwasser „abgeführte Leistung" ist:

$$\Delta P = 4{,}2 \cdot q \cdot \Delta t \cdot 10^3 ,$$

wobei bedeuten:

$\Delta P =$ die von dem Kühlwasser abgeführte Leistung in kW,

q $=$ die Kühlwassermenge in m^3/s,

Δt $=$ die Temperaturdifferenz des Wassers am Ein- und Austritt des Kühlers in °C.

4.4.1 *Messung des Wasserstromes.* Die Messung des Wasserstromes kann mit einer der klassischen Methoden wie Venturidüse, Blende, Düse, Wasserzähler usw. innerhalb von 1 bis 2% genau erfolgen.

4.4.2 *Messung der Erwärmung des Wassers.* Die Temperaturdifferenz des Kühlwassers kann mit Quecksilberthermometern (die gelegentlich ausgetauscht werden sollten, um die Gefahr systematischer Fehler auszuschalten), mit Thermoelementen oder Widerstandsthermometern innerhalb einer Genauigkeit von $\pm 1\%$ gemessen werden.

4.4.3 *Berechnung der Generatorverluste.* Die von dem Kühlwasser abgeführte Wärmemenge, die noch, wie weiter unten gezeigt wird, korrigiert werden muß, entspricht den inneren Generatorverlusten.

Die gesamten Verluste erhält man durch Addition der folgenden Verluste zu den inneren Verlusten:

Verluste der Erregermaschine,

Verluste in den Lagern,

Verluste, die durch das Gehäuse des Generators und die Kühlwasserrohrleitung als Wärme nach außen abgegeben werden.

4.4.4 *Korrektur.* Wenn die Bestimmung der Generatorverluste zur Wirkungsgradmessung einer Turbine benutzt wird, dann ist es empfehlenswert, von den obengenannten Gesamtverlusten die Reibungsverluste im Kühlwasserkreislauf (normalerweise wird dieser unabhängig von der Turbine gespeist) abzuziehen. Diese Korrektur ist häufig vernachlässigbar.

5. Thermodynamische Methode zur Messung des Turbinenwirkungsgrades[1 2]

5.1 *Anwendungsbereich*

Bei dem jetzigen Stand der Technik ist das thermodynamische Verfahren besonders für Fallhöhen über 150m geeignet. Unter günstigen Umständen kann jedoch das Verfahren auch bis herunter zu 100 m verwendet werden, wenn Kunde und Lieferant eine entsprechende Abmachung treffen.

5.2 *Verwendete Formeln*

Die Grundformel für die Anwendung dieses Verfahrens läßt sich aus dem Prinzip der Erhaltung der Energie ableiten. Diese Formel kann wie folgt geschrieben werden:

$$h_u = \Delta \left(h_t + \frac{u}{g}\right). \qquad (1)$$

h_u = Nutzfallhöhe, die im Laufrad in mechanische Energie umgesetzt wird.

h_t = Gesamtfallhöhe in einer Meßebene der Druckrohrleitung oder eines Kanals bei konstantem Wasserstrom.

$\frac{u}{g} = \frac{1}{g} u(\Theta, p)$ = innere Energie, bezogen auf das Einheitsgewicht des Wassers bei Temperatur Θ und Druck p (entspr. einer Wasserhöhe).

$\Delta\left(h_t + \frac{u}{g}\right)$ = Differenz $\left(h_t + \frac{u}{g}\right)$ zwischen 2 Meßebenen vor und nach der Turbine.

---

[1] Willm, G., u. P. Campmas: Measurement of Efficiency of Hydraulic Turbines by the Poirson Thermodynamic Method. Houille Blanche, Juli—Oktober 1954.

[2] Willm, G.: On the Precision of the Thermodynamic Method in the light of two years Industrial Application. Houille Blanche, Oktober 1965.

In Gl. (1) wird angenommen, daß kein Wärmeaustausch mit der Umgebung in dem Zwischenraum zwischen den 2 Meßebenen stattfindet.

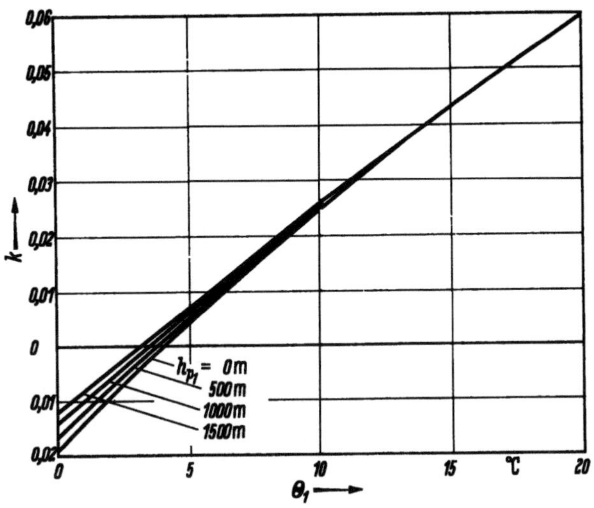

Abb. 64 — Thermodynamische Methode zur Messung der Wirkungsgrade.

k-Werte aufgetragen über der Temperatur Θ_1 in °C.

Wenn das Wasser der Einlaufleitung einer Turbine entnommen wird und ohne Energieaustausch mit der Umgebung in einen isolierten abgeschlossenen Raum E_1, bei einer Temperatur Θ_1, bei einem Gefälle h_1, auf der Kote z_1 zugeführt wird, und wenn die Kote des Unterwasserspiegels z_2, die dazugehörige Temperatur Θ_2, wenn ferner die Geschwindigkeitshöhe in E_1 und im Unterwasser Null oder vernachlässigbar ist, so gilt:

$$h_u = h_{p1}(1 - k) + z_1 - z_2 - \frac{j_c}{g}(\Theta_2 - \Theta_1)\,.$$

Der Koeffizient k, eine Funktion von h_1 und Θ_1, ist der Kurve in der Abb. 64 zu entnehmen. j_c/g ist die Wärmeenergie des Wassers pro Einheit von Gewicht und Temperatur.

Wenn H_n die Nettofallhöhe ist, so ist der hydraulische Wirkungsgrad:

$$\eta_h = \frac{h_u}{H_n}\,.$$

Dieser Wirkungsgrad schließt nicht die mechanischen Verluste in den Führungs- und Drucklagern ein. Diese Verluste müssen für die Berechnung des im Kontrakt angegebenen Wirkungsgrades unmittelbar abgeschätzt werden.

5.3 *Verfahren zur praktischen Durchführung der Messung von h_u*

Die Verfahren zur Messung von h_u, die am geeignetsten erscheinen, sind nachstehend aufgeführt (s. Schema Abb. 65).

Wasser, das mit Hilfe einer dynamischen Sonde dem Einlaufrohr vor der Turbine entnommen wird (oder evtl. der Druckrohrleitung) geht durch ein Reduzierventil, mit dem der Druckverlust eingestellt werden kann, und fließt dann durch ein sorgfältig isoliertes Rohrsystem in eine ebenfalls isolierte Meßkammer, in der ein Platin-Widerstands-Temperaturmeßgerät eingetaucht ist.

Die Anzeige des Instrumentes wird in einer Wheatstoneschen Brückenschaltung mit der eines zweiten gleichen Temperaturmeßinstrumentes verglichen, das in das Unterwasser eintaucht. Die Eichung der Wheatstoneschen Brückenschaltung für Temperaturgleichheit beider Meßinstrumente ist von einer früheren Messung bekannt, bei der die beiden Meßinstrumente in das gleiche Wasser bei einer vollkommen gleichmäßigen Temperatur eingetaucht wurden. Der Druckverlust im isolierten System kann dann so eingestellt werden, daß die Temperaturen in der isolierten Meßkammer und im Unterwasserkanal gleich sind; wenn dieser Zustand erreicht wird, besteht wieder in der Brückenschaltung Gleichgewicht (kein Ausschlag am Galvanometer).

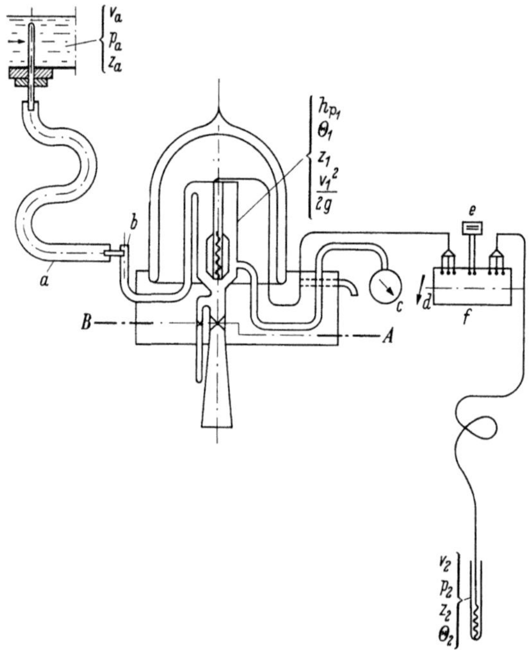

Abb. 65 — Skizze für den Aufbau zur Thermodynamischen Meßmethode.

a isolierte Rohrleitung; *b* verstellbares Drosselventil; *c* Manometer; *d* Potentiometer; *e* Galvanometer; *f* Meßbrücke.

Es gibt Apparate, die eine ausreichende Empfindlichkeit haben, um dieses Gleichgewicht bereits bei einem Druckunterschied von nur 0,2 bis 0,4 m zu erzielen.

Für diesen Fall gilt:

$$h_u = h_{p1}(1 - k) + (z_1 - z_2) .$$

In der Praxis erhält man den Wert h_{p1}, der $\Theta_2 - \Theta_1 = 0$ entspricht, d. h. Ausschlag 0 am Galvanometer, durch lineare Interpolation verschiedener h_{p1}-Werte entsprechend kleinerer positiver oder negativer Abweichungen am Galvanometer.

Die Konstanz des Gleichgewichtes an der Brücke muß während der Messungen immer wieder durch Kontrolle der Nullstellung gesichert werden. Im allgemeinen sollte bei der Güteklasse der Thermometer und der Brückenschaltung selbst ein Gleichgewicht erreicht werden können, das Änderungen von 0,2 bis 0,4 m Wassersäule entspricht.

Wenn die gleiche Meßapparatur für die Messung von h_{p1} und H_n verwendet wird, können Eichfehler ausgeschaltet werden.

Der entnommene Wasserstrom muß so groß sein, daß als Folge des Wärmeaustausches mit der Atmosphäre nur sehr kleine Temperaturänderungen entstehen können. Ein Wasserstrom von ca. 0,4 l/s kann in der Praxis abgezweigt werden und reicht im allgemeinen aus, sofern die Wärmeisolierung einwandfrei ist.

Trotzdem kann selbst in solchen Fällen oft eine Korrektur des Wertes h_u erforderlich sein, um dadurch zu berücksichtigen, daß der Wärmeaustausch zwischen der Abzweigung und der Atmosphäre nicht vollkommen vernachlässigt werden kann. Diese Korrektur kann durch Ändern des abgezweigten Wasserstromes und unter der Annahme (durch die Erfahrung bestimmt) berechnet werden, daß die Korrektur umgekehrt proportional zum Wasserstrom ist.

Die druckseitige Wasserentnahme muß mit Hilfe einer dynamischen Sonde erfolgen (d. h. einer Sonde, bei der die Vorderfläche der Meßöffnung gegen die Strömung liegt). Die Erfahrung hat gezeigt, daß die Messung von h_u nur wenig von der Wahl des Entnahmepunktes beeinflußt wird. Ausgenommen sind nur sehr stark ausgeprägte Sonderverhältnisse, z. B. nach einer Drosselklappe bleiben die Messungen gültig, sofern die Entnahme nicht im Totwasser des Klappenkörpers selbst erfolgt.

Im allgemeinen ist es zweckmäßig, die Entnahmestelle in einem Abstand 1/7 × Rohrdurchmesser von der Wandung zu legen.

Der saugseitige Meßquerschnitt nach der Turbine (im Unterwasserkanal) muß in einen vom Turbinenaustritt ausreichenden Abstand gelegt werden, um sicherzustellen, daß die verschiedenen Stromfäden (bei verschiedenen Temperaturen, da mit verschiedenen Wirkungsgraden gearbeitet wird) sich vollkommen gemischt haben, so daß die Temperatur gleichmäßig ist. Jedoch darf dieser Abstand nicht zu groß sein, damit Ungenauigkeiten durch den Wärmeaustausch zwischen dem Wasser, das durch die Turbine geflossen ist, und der den Unterwasserkanal umgebenden Masse vermieden werden. Im allgemeinen ist der Saugrohraustrittsquerschnitt von Francisturbinen als Meßquerschnitt geeignet. Bei Peltonturbinen sollte der Abstand des Meßquerschnitts 5 bis 15 m vom Austrittsschacht betragen.

Trotzdem ist es ratsam, mehrere Punkte im gewählten Meßquerschnitt eines Unterwasserkanals zu kontrollieren, um die Größe der Temperaturabweichungen zu ermitteln, die zwischen diesen Punkten vorhanden sein können, und dann einen Meßpunkt zu wählen, der wirklich den Mittelwert ergibt.

Die Messungen können durch Temperaturschwankungen im Wasser gestört werden, das der Turbine zugeführt wird (Erwärmung der Druckrohrleitung durch Sonnenstrahlen, Mehrfacheinläufe, bei denen das Wasser verschiedene Temperaturen aufweist, unzulängliche Mischung oder Zuströmung mit veränderlichem Mischungsverhältnis, etc.). Auch muß die Konstanz der Temperatur des Wassers, das entnommen wird, durch Verwendung eines Thermometers, das in Zehntel °C geeicht ist, kontrolliert werden. Wenn es sich um langsame regelmäßige Temperaturschwankungen handelt (wenige Zehntelgrad in der Stunde) kann eine Korrektur dadurch erfolgen, daß die Temperaturänderungen während der Fließzeit vom stromaufwärtigen Entnahmepunkt zum stromaufwärtigen Thermometer einerseits, und während der Fließzeit vom stromabwärtigen Entnahmepunkt zum stromabwärtigen Thermometer andererseits ermittelt und verglichen werden.

Bei ungünstigen Verhältnissen (den Sonnenstrahlen ausgesetzte Druckrohrleitung) könnten die Messungen nachts erfolgen, wenn die Wassertemperatur ihren niedrigsten Tageswert erreicht.

Aus der Erfahrung ergibt sich, daß im allgemeinen kein erheblicher fehlerbedingender Temperaturaustausch zwischen dem Wasser in der Turbine und der Umgebung zu befürchten ist, vorausgesetzt, daß bei Pelton-Turbinen dafür gesorgt wird, daß kein starker Luftstrom quer zum Meßquerschnitt vorhanden ist.

ABSCHNITT XII – MESSUNG DER DREHZAHL

1. Drehzahlmessungen zur direkten Ermittlung der Leistung

Wenn die Turbinenleistung durch Messen des Drehmomentes mit Hilfe einer Bremse, eines Torsionsdynamometers oder eines Pendeldynamo ermittelt wird, muß die Drehzahl mit einer Präzisions-Drehzahl-Meßvorrichtung z. B. einem Tachographen mit Chronographen gemessen, oder aus dem Mittelwert mehrerer Messungen mit geeichten Stoppuhren berechnet werden. Die Anzahl der Umdrehungen sollte möglichst an der Turbinenwelle direkt gemessen werden. Die Ablesungen sollten zur gleichen Zeit erfolgen wie die Ablesungen am Instrument, das das Drehmoment mißt.

2. Drehzahlmessungen bei indirekter Leistungsmessung

Wenn die Turbinenleistung aufgrund der an den Generatorklemmen gemessenen Leistung ermittelt wird, genügt es, wenn man die Turbinendrehzahl mit dem Schalttafel-Frequenzmesser über eine Zeit mißt, während der die Belastung im Netz konstant ist. Der Frequenzmesser sollte mit einem geeigneten Präzisionsinstrument verglichen werden.

ABSCHNITT XIII — DREHZAHLÄNDERUNGEN BEI PLÖTZLICHEM LASTABWURF

1. Allgemeine Bemerkungen

Die höchste Momentandrehzahl n_{max} bei einer Abschaltung wird, ausgehend von der Drehzahl n_1, erreicht, wenn die Nennleistung P_t auf die Leerlaufleistung $P_t = 0$ plötzlich erniedrigt wird (s. Abschn. II. 2.10.3).

Da die Drehzahlabweichungen vom Schließvorgang der Turbine abhängen, sollte die Bewegung der Schließvorrichtung der Turbine gleichzeitig mit der Drehzahl aufgezeichnet werden.

2. Meßinstrumente

Für die Aufzeichnung der Momentandrehzahl sollte ein geeichter Tachograph verwendet werden. Die Schreibvorrichtung sollte ein geringes Trägheitsmoment haben, damit alle Drehzahlschwankungen während des Versuches genau registriert werden können. Für derartige Versuche kann ein geeignetes selbstschreibendes elektrisches Drehzahlmeßgerät verwendet werden.

ABSCHNITT XIV – DRUCKÄNDERUNGEN BEI PLÖTZLICHEM LASTABWURF

1. Allgemeine Bemerkungen

Da die Druckschwankungen in der Turbinendruckrohrleitung vom Schließen der Leitschaufeln beeinflußt werden und sich auf die Drehzahl beim Schließvorgang auswirken, müssen Druck und Drehzahl gleichzeitig aufgezeichnet werden.

Der maximale Momentandruck p_{max} wird aus den Drücken ermittelt, die während der Entlastung von der Leistung P_t auf die Leerlaufleistung $P_t = 0$ auftreten (s. Abschn. II.2.11.2 und II.2.11.3).

2. Meßinstrumente

Zur Aufzeichnung der Druckschwankungen sollen geeichte Federanzeigevorrichtungen verwendet werden. Bei höheren Drücken sollten diese Anzeigeinstrumente mit Federvorspannung arbeiten. Die Eigenfrequenz des Meßinstrumentes sollte mindestens 3 bis 4mal höher sein als die Frequenz der zu messenden Druckschwankungen.

Das Druckmeßinstrument sollte möglichst direkt an der Druckrohrleitung angeschlossen werden, um ein Nachhinken der Anzeige durch Trägheit und Reibung zu vermeiden. Wenn das Instrument nicht direkt an der Druckrohrleitung angeschlossen werden kann, sollte die Meßleitung möglichst kurz und geradlinig sein und sollte aus Metallrohr bestehen. Gummi oder elastisches Material sollte dafür nicht verwendet werden.

Andere Verfahren zur Messung des Druckanstiegs wie z. B. die Verwendung von geeichten elektrischen Dehnungsmeßstreifen in Verbindung mit geeigneten elektrischen Verstärkern und Schreibinstrumenten können zugelassen werden.

GPSR Compliance

The European Union's (EU) General Product Safety Regulation (GPSR) is a set of rules that requires consumer products to be safe and our obligations to ensure this.

If you have any concerns about our products, you can contact us on ProductSafety@springernature.com

In case Publisher is established outside the EU, the EU authorized representative is:

Springer Nature Customer Service Center GmbH
Europaplatz 3
69115 Heidelberg, Germany

Batch number: 10684218

Printed by Printforce, the Netherlands